49天培养专注力

1 抗干扰
·KANG GANRAO·

林思恩 ◎ 编著

青岛出版集团 | 青岛出版社

图书在版编目（CIP）数据

49天培养专注力. 1, 抗干扰 / 林思恩编著. — 青岛：
青岛出版社, 2023.3

ISBN 978-7-5736-0988-5

Ⅰ.①4… Ⅱ.①林… Ⅲ.①注意－能力培养－少儿
读物 Ⅳ.①B842.3-49

中国国家版本馆CIP数据核字(2023)第026850号

49 TIAN PEIYANG ZHUANZHULI

书　　　名	**49 天 培 养 专 注 力**	
分 册 名	**抗干扰**	
编　　　著	林思恩	
出版发行	青岛出版社	
社　　　址	青岛市崂山区海尔路182号（266061）	
本社网址	http://www.qdpub.com	
邮购电话	0532-68068091	
策　　　划	周鸿媛　王　宁	
责任编辑	王　韵	
特约编辑	宋　迪　王玉格	
封面设计	天下书装	
照　　　排	青岛乐喜力科技发展有限公司	
印　　　刷	青岛乐喜力科技发展有限公司	
出版日期	2023年3月第1版　2023年3月第1次印刷	
开　　　本	16开（710mm×1000mm）	
印　　　张	22.5	
字　　　数	310千	
书　　　号	ISBN 978-7-5736-0988-5	
定　　　价	158.00元（全7册）	

编校印装质量、盗版监督服务电话 4006532017　0532-68068050
建议陈列类别：少儿益智类

下图中，最下面的三个图形都是一笔画成的。请先尝试一笔画出每个图形，然后在五分钟内，尽可能快且准确地将上方重叠在一起的这三个图形分别用不同颜色的笔一笔画出来。五分钟后停笔，看看自己完成了多少。

抗干扰　　第 1 天

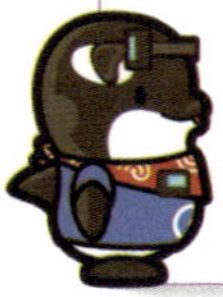

下图中，最下面的三个图形都是一笔画成的，请先尝试一笔画出每个图形，然后在五分钟内，尽可能快且准确地将上方重叠在一起的这三个图形分别用不同颜色的笔一笔画出来。五分钟后停笔，看看自己完成了多少。

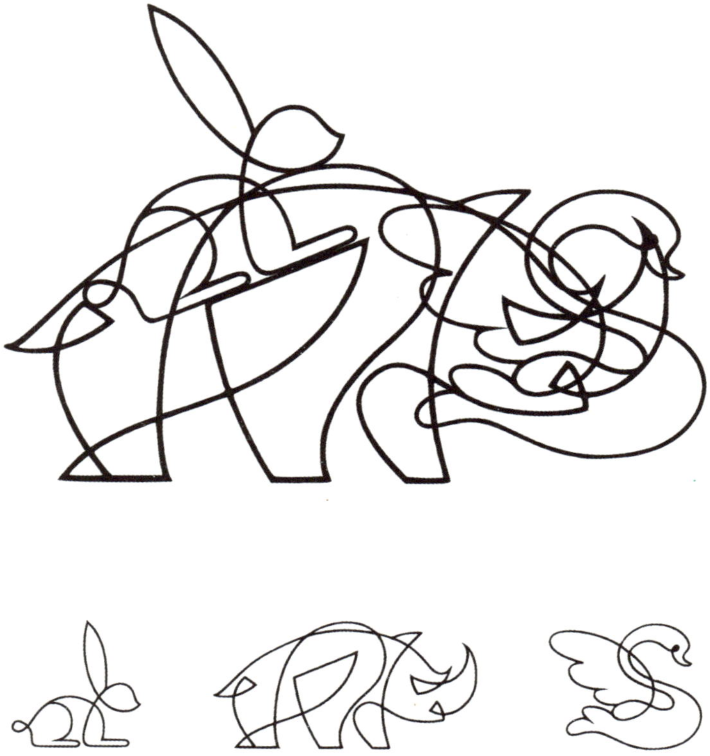

下图中，最下面的三个图形都是一笔画成的，请先尝试一笔画出每个图形，然后在五分钟内，尽可能快且准确地将上方重叠在一起的这三个图形分别用不同颜色的笔一笔画出来。五分钟后停笔，看看自己完成了多少。

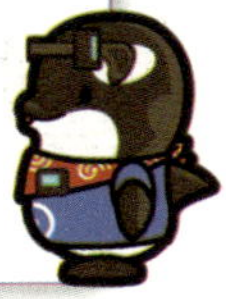

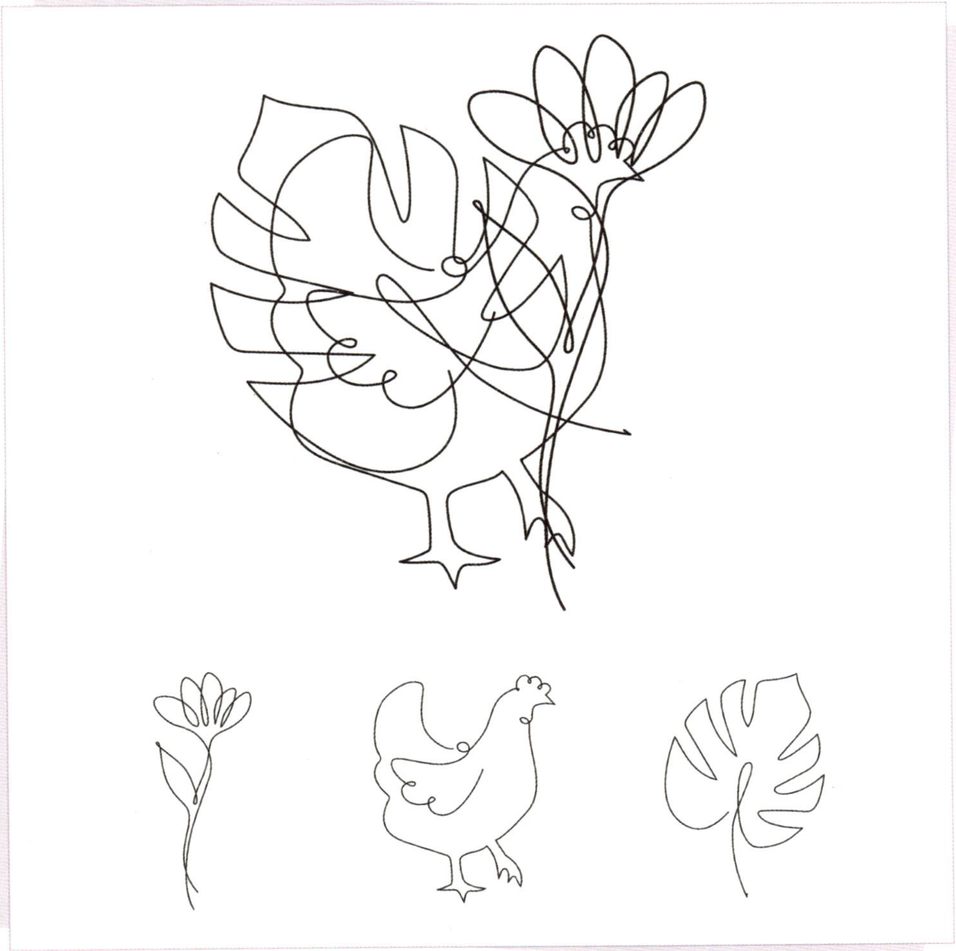

请找出下面图形中的三角形（只找单独存在的单一图形，不找组合图形），然后用彩笔给这些三角形涂色，相邻的三角形要用不同颜色的彩笔来涂。要小心那些"多边形陷阱"哟！

下面的格子中，藏着唐代诗人王之涣的《登鹳雀楼》。请按照原诗，依次点出诗中的每个字，遇到代表颜色的字时，要圈出格子底色和这个字所代表的颜色一致的那个字。

河	层	黄	穷	日
流	里	白	更	尽
白	入	楼	黄	上
一	依	黄	白	海
黄	目	欲	山	千

最下面这张图里藏着不止一个图例所示的图形，你能找到它们，并用笔描出来吗？

图例：

最下面这张图里藏着很多图例所示的六角星，你能找到它们，并用笔描出来吗？

图例：

最下面这张图里藏着很多图例所示的小六边形，你能找到它们，并用笔描出来吗？

图例：

继续在最下面这张图里找到图例所示的大六边形，并用笔把它们描出来。

图例：

最下面这张图里藏着很多图例所示的心形图案，试试看你能发现几个，并用笔把它们都描出来。

图例：

继续尝试在最下面这张图里发现一些新的图形吧！试试看你能不能找到图例所示的多边形，找到后用笔描出来，并数数看找到了几个。

图例：

最下面这张图里藏着一个图例所示的更大的心形图案，找到它并用你最喜欢的颜色把它描出来，然后把它送给你最爱的人吧！

图例：

最下面这张图里藏着很多图例所示的图形，看看你能发现几个，用笔把它们描出来吧！

图例：

最下面这张图里还藏着一个更大的图例所示的图形，尝试找到它并用笔描出来吧！

图例：

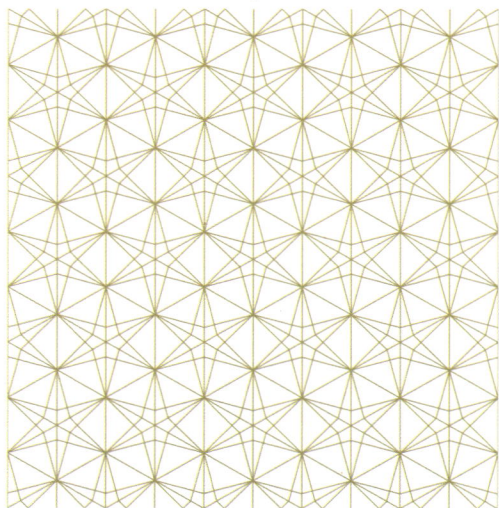

宋代文学家苏轼创作的《赠刘景文》中有很多代表颜色的字。诗人眼中的秋末冬初并不是萧瑟破败的，虽然荷花已经凋谢，菊花也已开败，但此时橙黄橘绿，正是一年中景致最好的时候。

接下来，请按照原诗，在下面的格子中依次找到诗中的每个字，遇到在现在的语义中代表颜色的字时，记得要圈出颜色和这个字所代表的颜色一致的那个字。

盖	绿	橘	须	橙	时	橘
霜	黄	残	橘	枝	是	黄
橘	已	荷	绿	雨	橙	景
最	橘	黄	傲	橙	菊	黄
橙	好	绿	橙	绿	记	有
擎	黄	君	无	橘	年	绿
黄	一	橙	绿	尽	橘	犹

最下面这张图里藏着图例所示的四种大小不一的正方形，请找到它们，并用笔分别描出来。

图例：

继续尝试在最下面这张图里找到图例所示的图形，用笔把它们描出来。

图例：

最下面这张图里藏着一些图例所示的六边形，尝试找到它们，并把它们一一描出来。

图例：

最下面这张图里藏着一个图例所示的六边形，请找到它并用笔描出来。

图例：

最下面这张图里藏着一些图例所示的不太容易观察到的三角形，请找到它们，并用笔描出来。

图例：

最下面这张图里藏着很多图例所示的图形，请找到它们，并用笔描出来。

图例：

最下面这张图里藏着很多图例所示的图形，请找到它们，并用笔描出来。

图例：

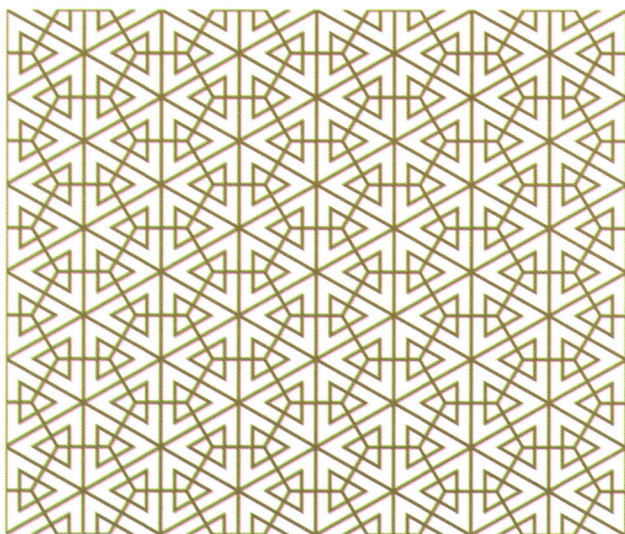

最下面这张图里藏着一些图例所示的图形，请找到它们，并用笔描出来。

图例：

最下面这张图里藏着图例所示的图形，请找到它，并用笔描出来。

图例：

最下面这张图里有很多大大小小的五角星，请找到与图例所示的五角星大小一致、角度一致的五角星，并用笔描出来。

图例：

请在下面的格子中找到三个四字短语，以及它们对应的拼音。格子中的字和拼音可以重复利用。

nù	xīn	春	xià	fàng
dōng	夏	chūn	心	dòng
暖	chūn	怒	nuǎn	花
努	huā	秋	nǔ	qiū
冬	开	yù	放	kāi

你可以从两个不同的视角观察同一个立方体吗？来试试吧！第一步，想一想，把左边的立方体想象成一个六个面齐全的盒子，从不同的角度看，一次最多能看到盒子的几个面？在左边的立方体上将能看到的面都涂上颜色。第二步，将右边的立方体想象成一个缺了一个面的盒子，将你能看到的缺口面的相对面涂上颜色。这一步的答案不唯一哟。

观察下面的立体图形。第一步，想一想，从不同的角度看，一次最多能看到这个立体图形的几个面？在左边的立体图形上将能看到的面都涂上颜色。第二步，想象一下，如果这是两个被一分为二的立体图形，那么它们的截面可能是哪个面？在右边的立体图形上将这个面涂上颜色。这一步的答案不唯一哟。

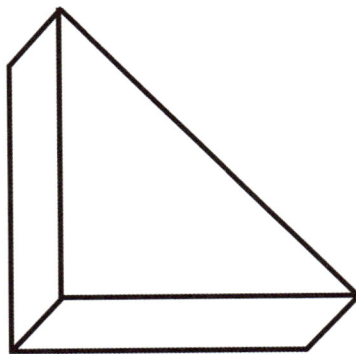

观察下面的立体图形，想象一下，如果从左上方的棱处观察这个立体图形，你能看到的面是哪些？如果从正前方观察这个立体图形（将网格面视为正前方看不见的面），你能看到的面又是哪些？在下面两个立体图形上分别涂一涂吧。

最下面这张图里藏着很多图例所示的图形，请找到它们，并用笔描出来。

图例：

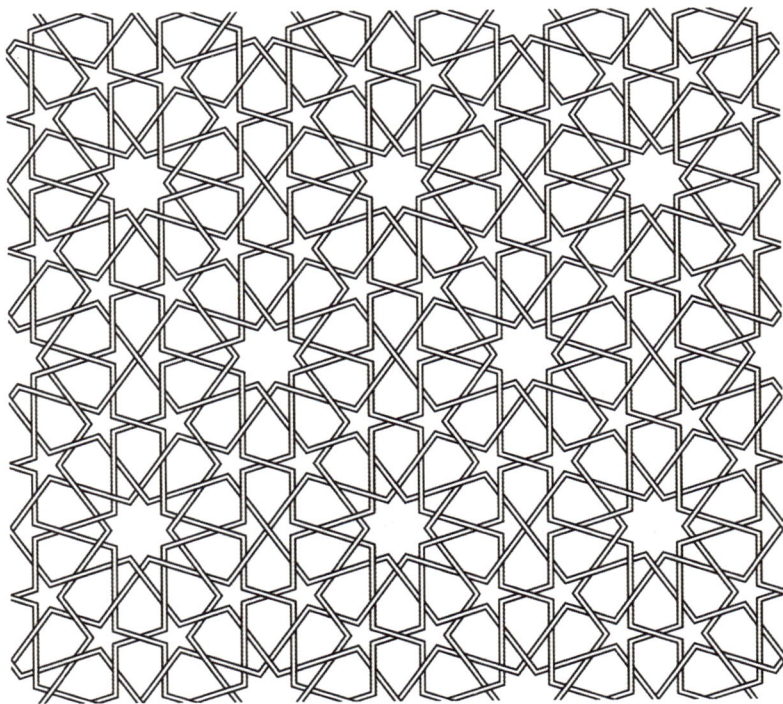

最下面这张图里藏着很多大大小小的五角星，请找到与图例所示的五角星大小一致、角度一致的五角星，并用笔描出来。

图例：

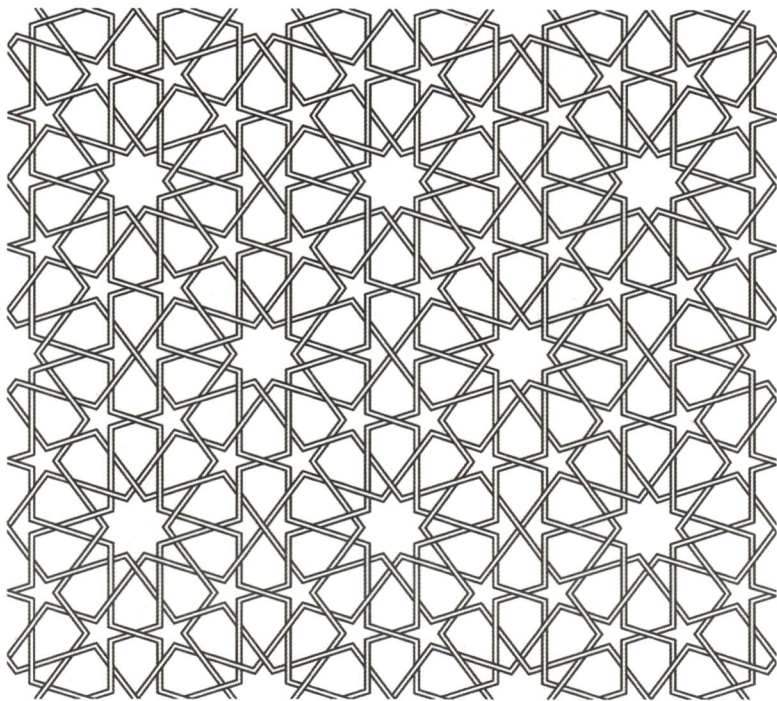

你可以从两个不同的视角观察下面的立体图形吗？你既可以把它看作一块巧克力，又可以把它看作一个缺了一个面的箱子。请试着想象一下，然后给"巧克力"的外观和"箱子"的底部涂上颜色。

"巧克力"

"箱子"

你可以从两个不同的视角观察同一个立体图形吗？第一步，想象一下，从不同的角度看，一次最多能看到这个立体图形的几个面，在左边的立体图形上将这些面涂上颜色。第二步，想象一下，从这个立方图形的正前方看，能看到它的哪些面，在右边的立体图形上将这些面涂上颜色。

经过前面的练习，现在你学会从不同视角观察同一个图形了吗？来试试看吧！请观察下图，从中选出摆放角度不同的两种正方体，并涂色。（每种正方体只选取一个涂色即可）

接下来我们将面临新的挑战——"不可能图形"！不可能图形就是指只存在于二维世界，在现实世界中不可能存在的图形。下面就是一个不可能图形。你能找到这个图形不合理的地方吗？把它圈出来吧！

你能看出下面这个图形哪里不对劲吗？这就是著名的彭罗斯三角形。尝试画一个形状一模一样的图形，对彭罗斯三角形稍作修改，使其成为一个现实世界中存在的立体图形。

这是一个正方体，但似乎有哪里不对劲，你能稍作修改，画一个现实世界中存在的正方体吗？

这是一个像四面墙一样的立体图形，但看上去似乎有点不对劲，你能稍作修改，使其成为一个现实世界中存在的立体图形吗？

下面的这些立体图形看上去似乎有点不对劲，你能稍作修改，使其成为现实世界中存在的立体图形吗？

最后，我们将面临抗干扰的终极挑战——视错觉。在某些情况下，我们很难摆脱一些图形带给我们的视觉上的错觉。我们能做的是：

1.尝试描述自己看到了什么；2.通过测量来验证自己的判断。

观察下面这张图，你觉得横向排列的灰色线条的颜色是一致的吗？同一行中的方格的长是相等的吗？亲自用尺子测量一下，看看你的判断是否正确。

观察下面这张图，你觉得左上角、右上角、左下角、右下角四个区域的条纹和其他区域的条纹颜色一样深吗？尝试调整一下视角，来回多看几次，看看你的感觉会不会有变化。然后你可以用放大镜仔细对比一下细节，看看会有什么发现。

观察下面这张图，你有什么感觉？尝试贴近图片仔细观察，看看刚才的感觉会不会消失。测试一下与图片的距离近到什么程度这种不受控制的感觉才会消失。

参考答案

扫一扫
看本书配套视频课

p.4

p.6

p.5

p.7

p.8-1

p.9-2

p.8-2

p.10-1

p.9-1

p.10-2

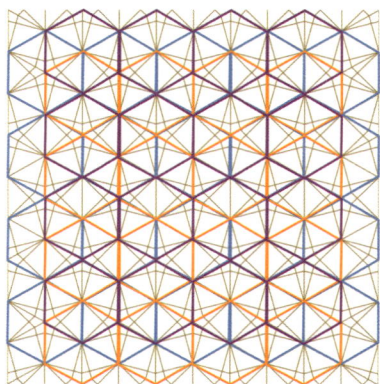

p.10−3

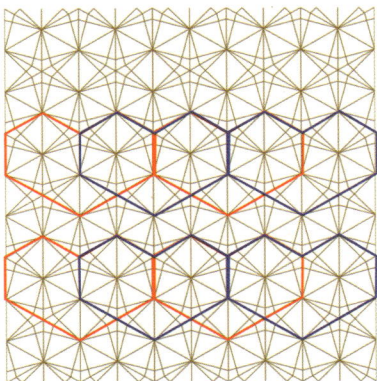

p.12

p.10−4

p.13−1

p.11

p.13−2

p.13-3

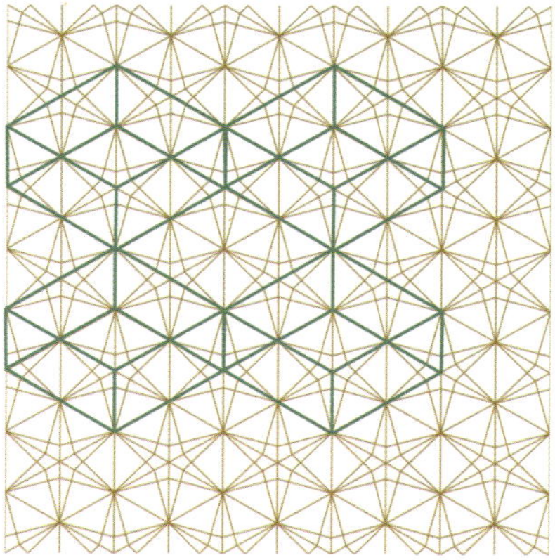

p.13-6

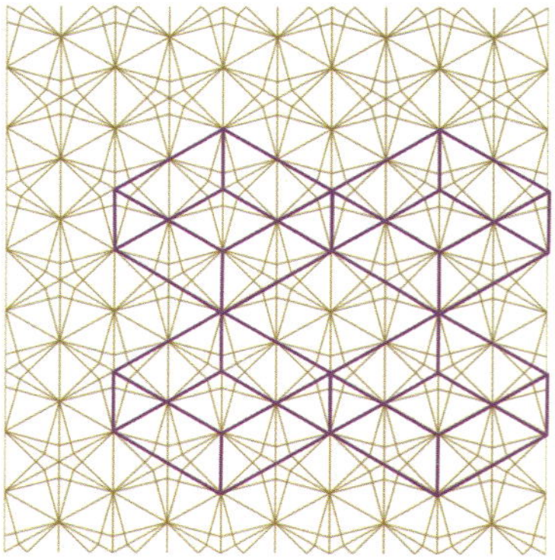

p.13-4

p.13-7

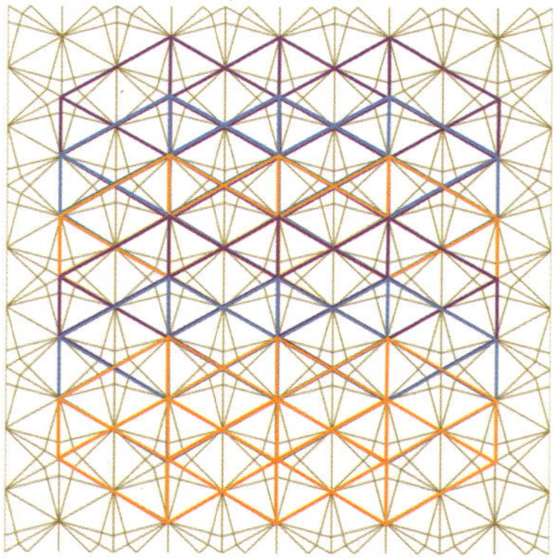

p.13-5

p.14

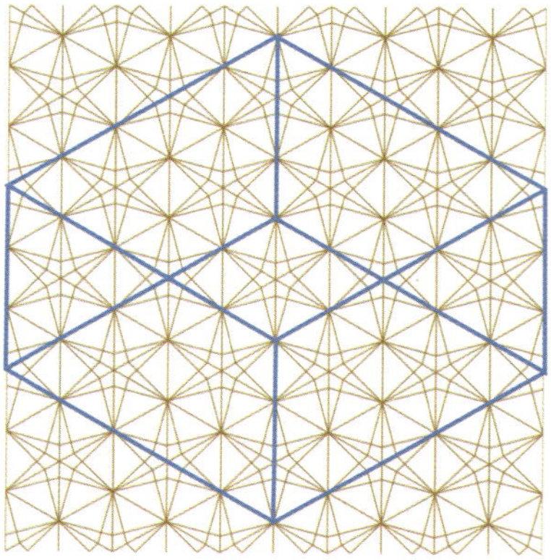

p.15

盖	绿	橘	须	橙	时	橘
霜	黄	残	橘	枝	是	黄
橘	已	荷	绿	雨	橙	景
最	橘	黄	傲	橙	菊	黄
橙	好	绿	橙	绿	记	有
擎	黄	君	无	橘	年	绿
黄	一	橙	绿	尽	橘	犹

p.16-3

p.16-1

p.16-4

p.16-2

p.17-1

p.17-2

p.18-2

p.17-3

p.18-3

p.18-1

p.19

p.20-1

p.20-4

p.20-2

p.20-5

p.20-3

p.21-1

p.21-2

p.22-1

p.21-3

p.22-2

p.21-4

p.23-1

p.23-2

p.24

p.25

p.26

nù	xīn	春	xià	fàng
dōng	夏	chūn	心	dòng
暖	chūn	怒	nuǎn	花
努	huā	秋	nǔ	qiū
冬	开	yù	放	kāi

p.27

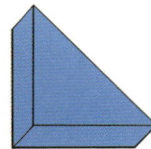

下面是一种答案。

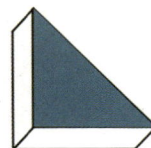

p.28

下面是一种答案。

p.29

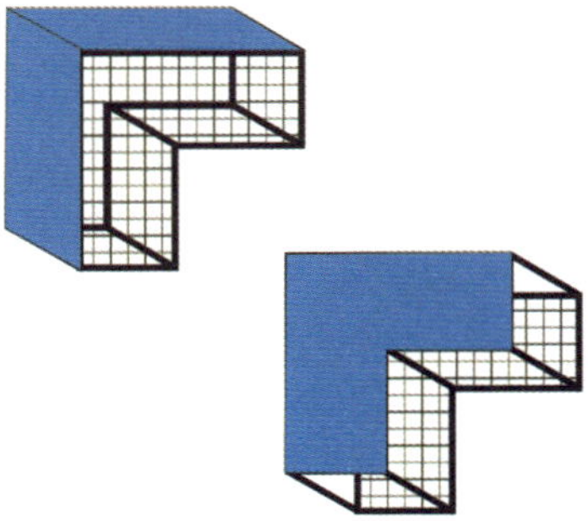

p.32

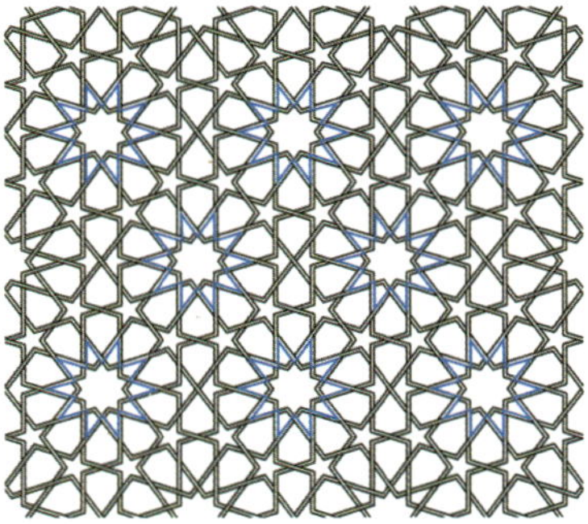

p.30

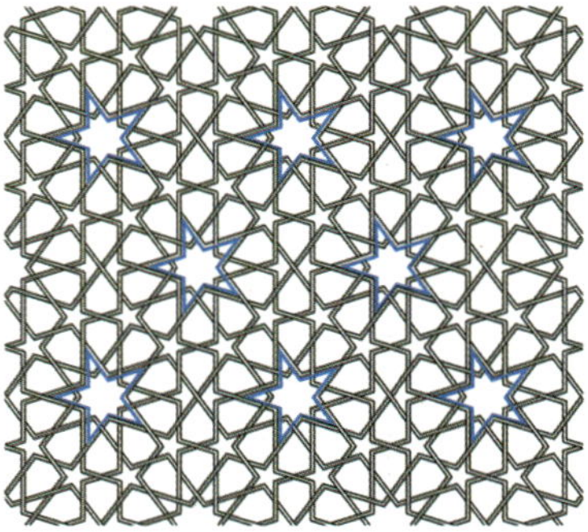

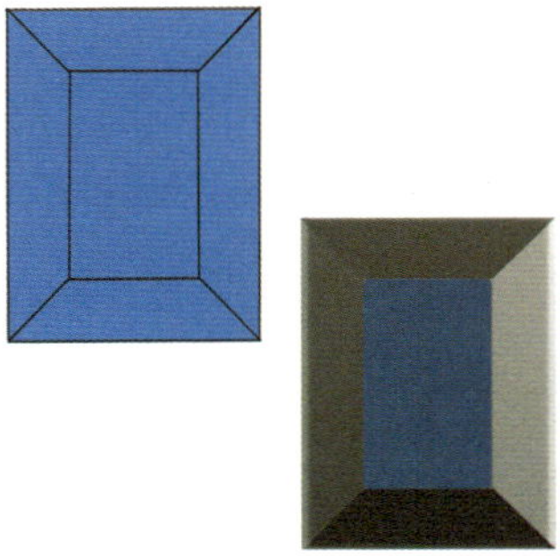

p.33

p.31

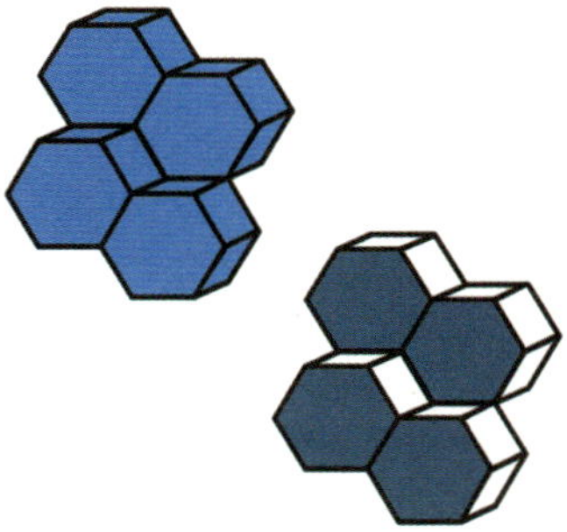

p.34

p.35

p.36

p.37

p.38

p.39

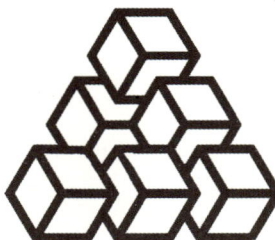

49天

培养专注力

2 坐得住
·ZUO DE ZHU·

林思恩◎编著

青岛出版集团 | 青岛出版社

图书在版编目（CIP）数据

49天培养专注力. 2, 坐得住 / 林思恩编著. — 青岛：
青岛出版社, 2023.3
ISBN 978-7-5736-0988-5

Ⅰ. ①4⋯ Ⅱ. ①林⋯ Ⅲ. ①注意－能力培养－少儿
读物 Ⅳ. ①B842.3-49

中国国家版本馆CIP数据核字(2023)第026851号

书　　　名	49 TIAN PEIYANG ZHUANZHULI **49天培养专注力**	
分 册 名	**坐得住**	
编　　　著	林思恩	
出版发行	青岛出版社	
社　　　址	青岛市崂山区海尔路182号（266061）	
本社网址	http://www.qdpub.com	
邮购电话	0532-68068091	
策　　　划	周鸿媛　王　宁	
责任编辑	王　韵	
特约编辑	宋　迪　王玉格	
封面设计	天下书装	
照　　　排	青岛乐喜力科技发展有限公司	
印　　　刷	青岛乐喜力科技发展有限公司	
出版日期	2023年3月第1版　2023年3月第1次印刷	
开　　　本	16开（710mm×1000mm）	
印　　　张	22.5	
字　　　数	310千	
书　　　号	ISBN 978-7-5736-0988-5	
定　　　价	158.00元（全7册）	

编校印装质量、盗版监督服务电话　4006532017　　0532-68068050

建议陈列类别：少儿益智类

请和小虎鲸一起穿过下面的迷宫，注意，路线可能不止一条哟。

请继续和小虎鲸一起穿过下面的迷宫，注意，路线可能不止一条哟。

出口

入口

观察下面的"大脑迷宫"，找到能够穿过迷宫的路线，并用笔画出来。注意，路线可能不止一条哟。

入口

出口

在下面的迷宫中藏着四个英文字母，组合起来就是 LOVE（爱）。请从入口出发，找到一条能够穿过迷宫且经过这四个字母的最短路线。

请和小虎鲸一起穿过下面的迷宫吧！

入口 →

→ 出口

请用笔把下面的数字按照从小到大的顺序依次连起来。要让图画成为一个封闭的图案哟。

下面是一幅已经灭绝的海洋生物的示意图。因它的表面通常具有类似菊花的线纹，所以它被称为菊石。请用笔把数字按从小到大的顺序连起来，让菊石的轮廓清晰起来。

你知道下面这枚恐龙蛋是哪个恐龙妈妈遗失的吗？尝试不使用手或者笔协助，只用目光进行判断，帮助恐龙妈妈找到恐龙蛋吧！

A　　　B　　　C

下面是三只蝉和它们的幼虫，尝试不使用手或者笔协助，只用目光进行判断，找到每只蝉对应的幼虫。

请穿过迷宫，看看下面三个恐龙模型分别是哪一种恐龙的。

副栉龙　　　　南方巨兽龙　　　　　　三角龙

观察下图，帮助外星人找到各自的飞行器，协助他们重回自己的星球吧！

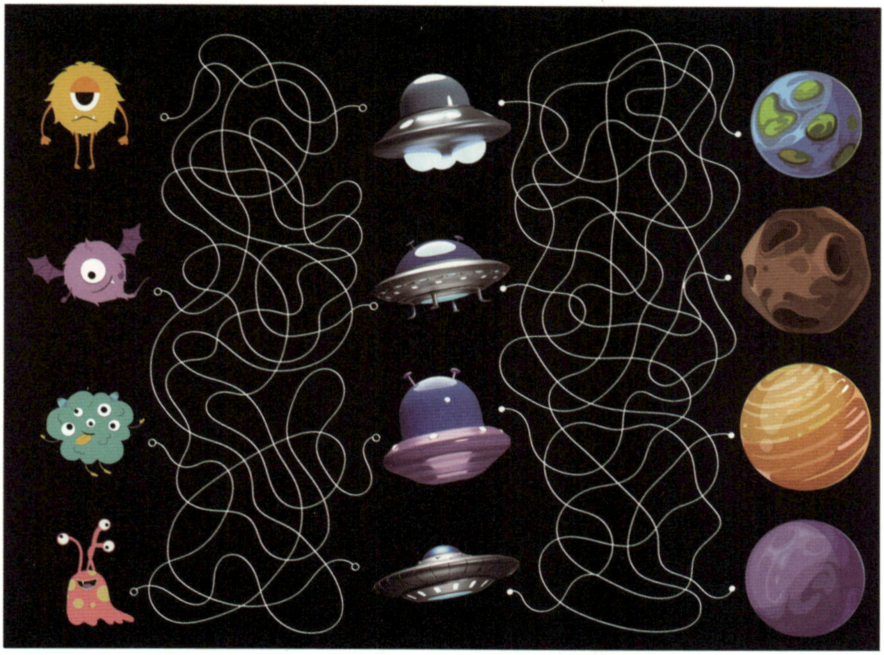

学了才会"知道"，但只有把"知道"变成"做到"，才是真的"学到"。下面是"学""知""行"在不同时期的写法，请用线让它们一一对应起来。

　　仔细观察下面的管道示意图，其中有一处泄漏了，导致有一个压力表的数值与其他压力表的不同。请用红色笔圈出这个压力表，并用蓝笔圈出维修时需要关闭的阀门。

观察下图，想象一下，如果下面曲线上的图形从最左边的开始，按照曲线上的顺序一个一个地往左边掉，会排列成下列四个图形中的哪一个呢？把它找出来吧！

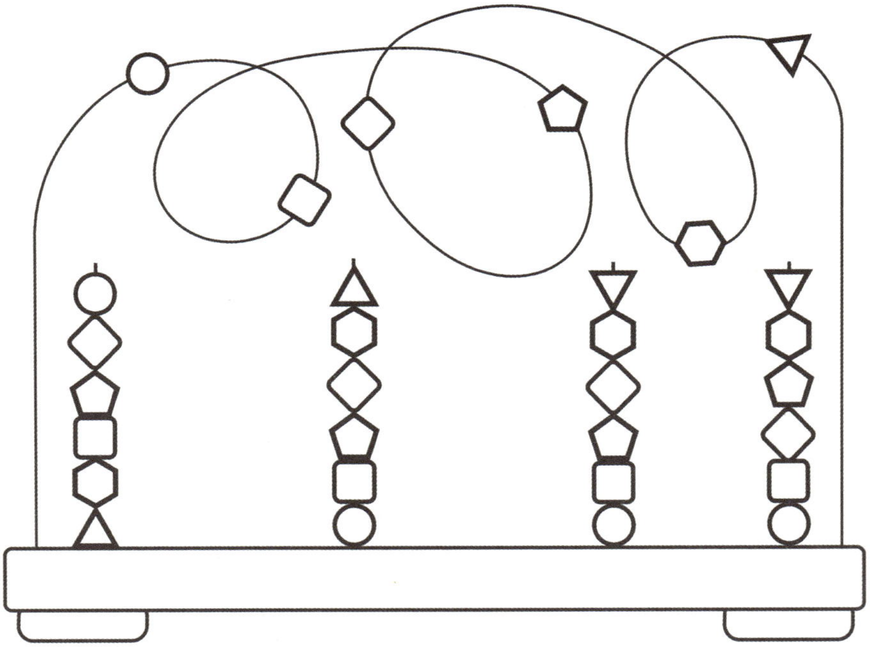

观察下图，想象一下，如果下面的曲线上的圆形从最右边的开始，按照曲线上的顺序一个一个地往右边掉，会排列成下列五个图形中的哪一个呢？把它找出来吧！

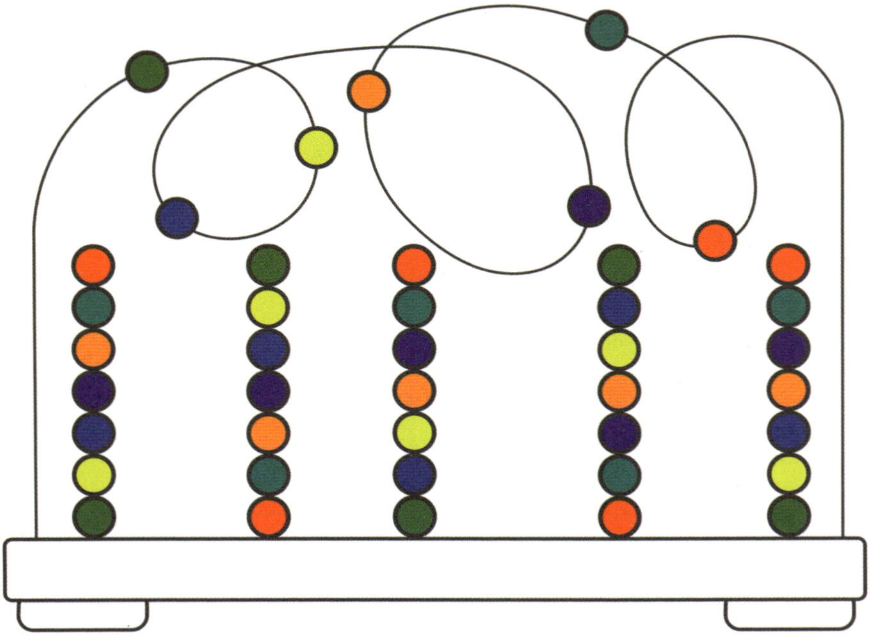

观察下图，想象一下，如果下面的曲线上的数字从最左边的开始，按照曲线上的顺序一个一个地横向排列，会排列成下列数字串中的哪一个呢？把它找出来吧！

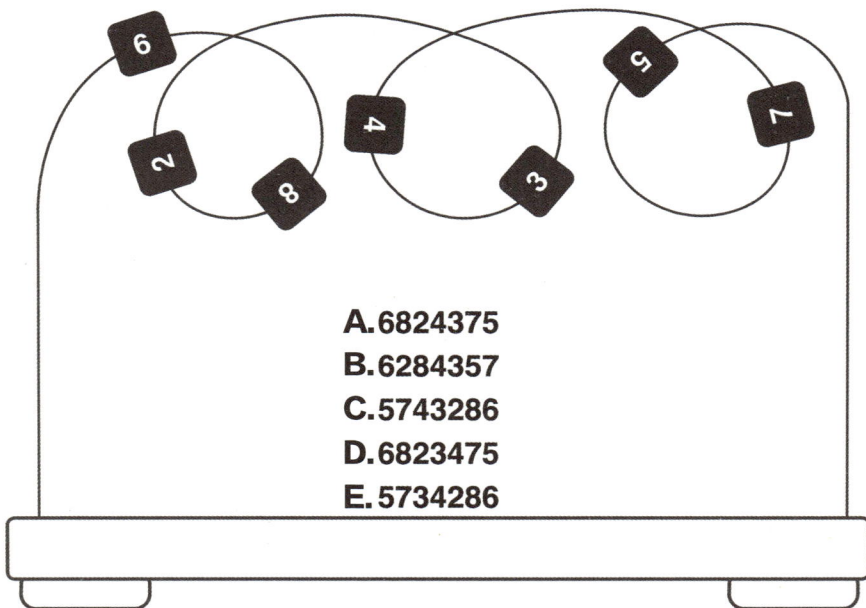

6　2　8　4　3　5　7

A.6824375

B.6284357

C.5743286

D.6823475

E.5734286

下图中，除白色外，每个数字块的底色分别代表一种运算，红色、绿色、蓝色、灰色分别代表加法、减法、乘法、除法。请你从最左边的数字 6 开始，按照曲线上数字的排列顺序，根据数字块底色依次进行运算，在下列选项中找到正确的运算结果。

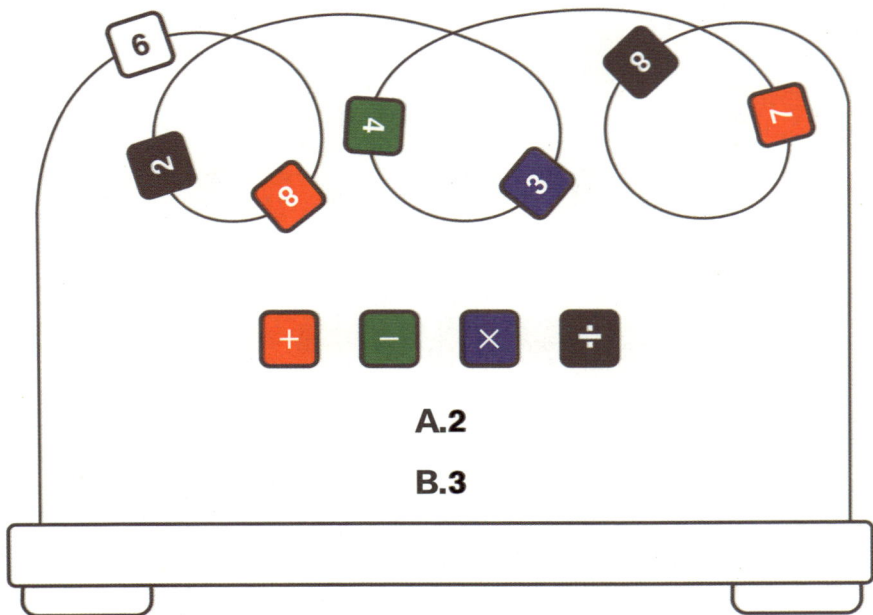

A.2

B.3

下图表示的是一个火车的试车场，右下方有两个入口，想想看，从哪个入口进入可以完成所有站点的测试，请用笔把完整的测试路线画出来。注意，此试车场的火车变轨时转弯不能超过90度哟。

请帮助船员将下图中缠在一起的绳子分开。你能说出图中一共有几根绳子吗？哪根绳子最长呢？

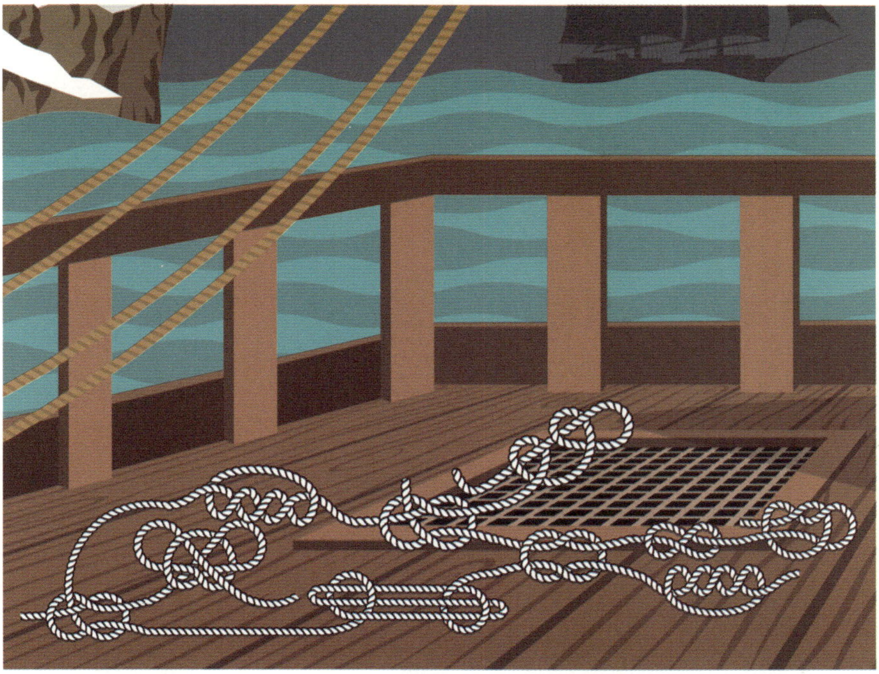

下图表示的是一个环行铁道试车场，在左边和下方共有四个车辆出入口，请帮助试车员确认从哪个入口进入试车场既可以到达试车间，又可以到达环行轨道。注意，此试车场的火车变轨时转弯不能超过 90 度哟。

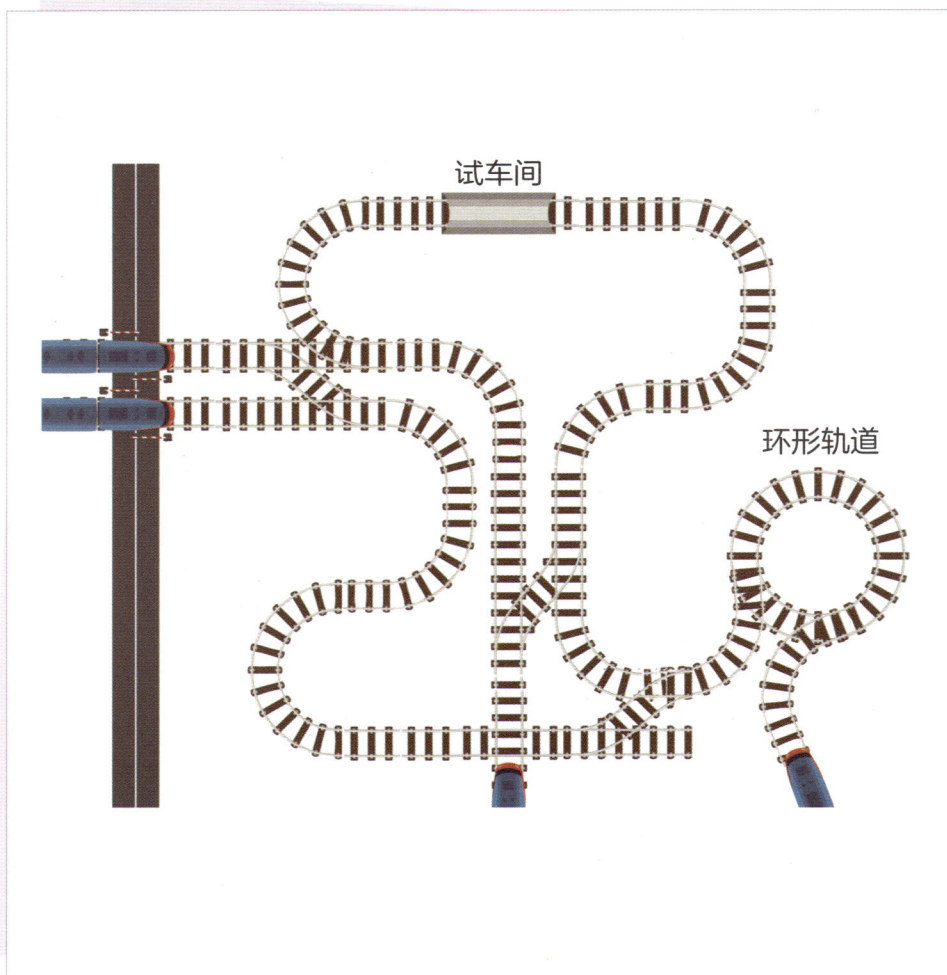

试车间

环形轨道

蚯蚓、蛞蝓（念作 kuò yú，俗称鼻涕虫）、蜗牛都是鼹鼠喜爱的食物。下图中有一只准备捕食的小鼹鼠，在捕食过程中，它需要遵循以下规则：只能从左向右移动或垂直上下移动，只能吃掉头朝向左边的食物，不可以重复吃同一个食物。请帮小鼹鼠画出捕食量最大的路径。

下图中的渔夫钓鱼时需要遵循以下规则：船只能从左向右移动，只能钓朝向左的鱼，鱼线可以垂直上下移动，不可以重复钓同一条鱼。想想渔夫从哪里开始才能钓到最多的鱼，并画出能钓到最多鱼的路径。

下图中的宇航员在玩钩星星的游戏，游戏规则如下：他只能从左往右移动，只能钩那些头在左边的星星，竿子的线可以垂直上下移动，不可以重复钩同一颗星星。请帮宇航员画出能钩到最多星星的路径。

请仔细观察下图，将字母按从 A 到 S 的顺序用线连接起来。

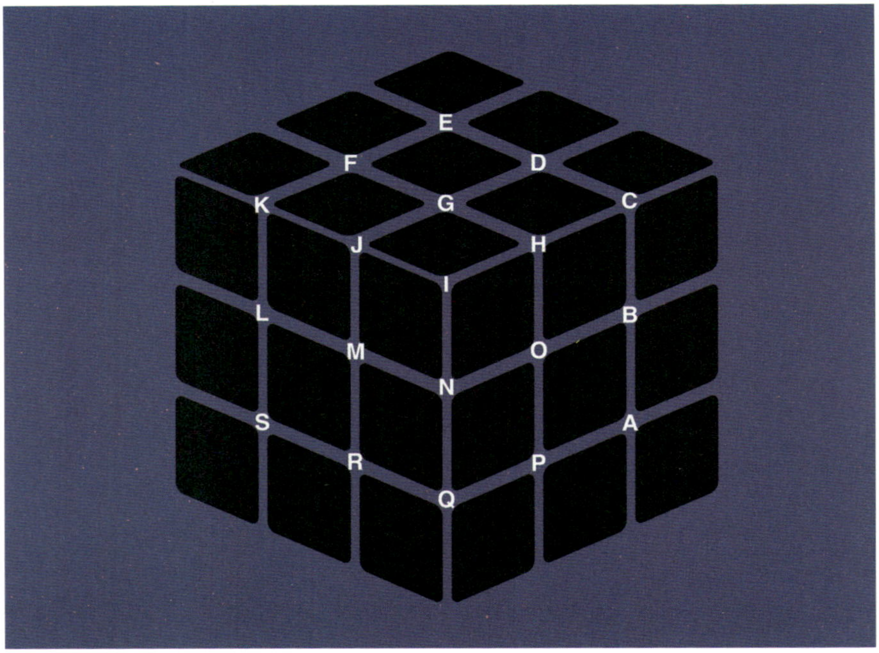

下图是一个迷宫，请从最左边的其中一个入口出发，穿过迷宫，从最右边的其中一个口走出迷宫。

下图是一个迷宫，请找到一条能从 A 走到 B 的路线，并用笔标示出来。注意，路线可能不止一条哟。

下图是一个迷宫，请从最上面的其中一个入口出发，以最短路线穿过迷宫，从最下面的其中一个口走出迷宫。

下图中藏着很多和示例形状、大小一致的图形，请仔细观察，把它们都画出来。

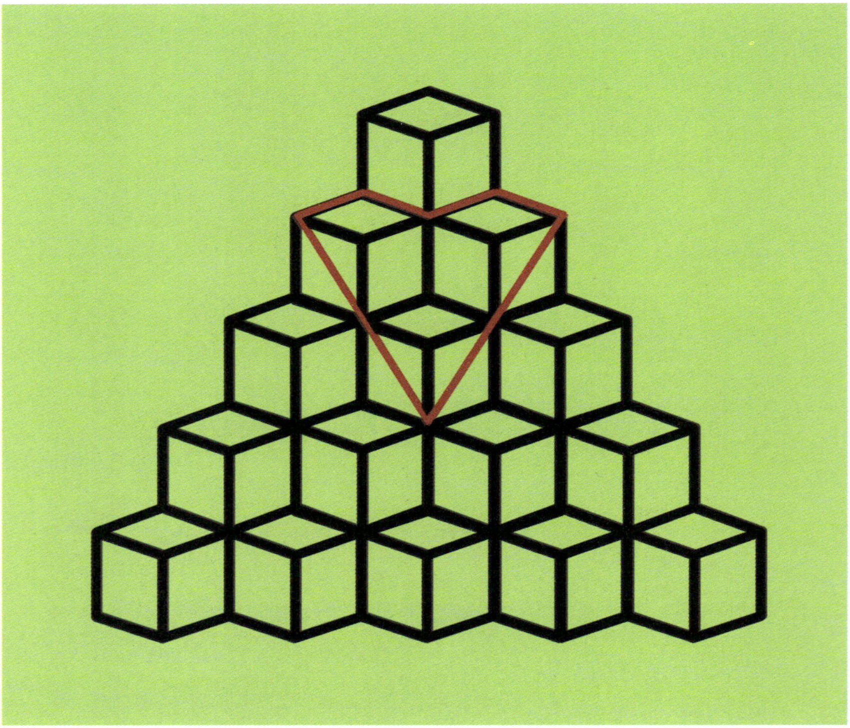

下图中藏着很多和示例形状、大小一致的六边形，请仔细观察，把它们都画出来。

　　下面的立方体是由很多个大小相同的小正方体组成的，示例是一条从立方体底部出发通向顶部的路线，请参考示例，找到其他跟它一样长的从底部通向顶部的路线，用线把它们标出来。注意，路线可能有很多条哟，看看你能找到多少吧！

请观察下面四条攀登立体图形的路线，如果每个攀登的人只能以一种视角向上攀登，那么哪个人的攀登路线是有问题的呢？把这个人圈出来吧！

下图中，下面的小虎鲸要结识上面的小虎鲸，需要经过小朋友的介绍，而且需要女孩、男孩交替介绍才能成功。请画出符合条件的最短介绍方法和最长介绍方法。深绿色连线表示小朋友头像所在的两个图形直接相连，不经过中间的图形。

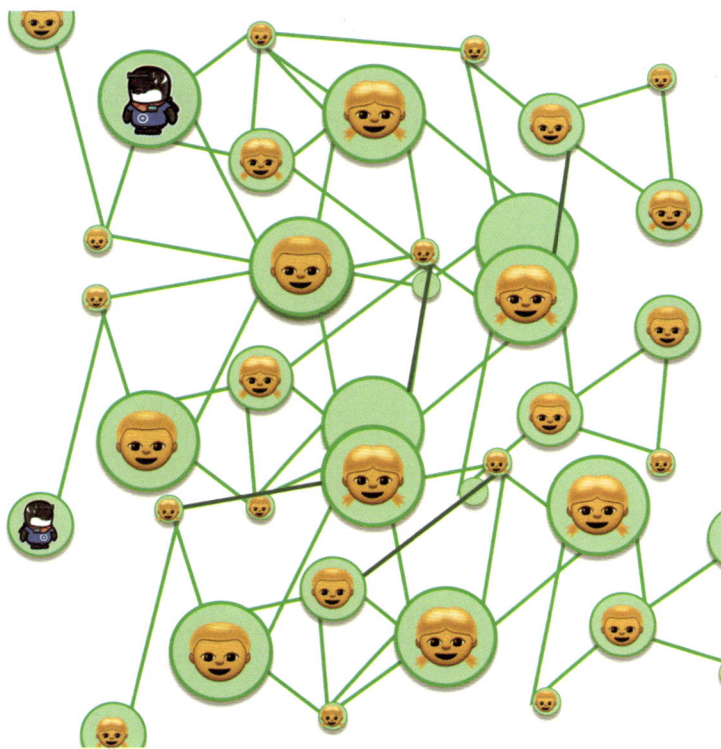

观察下图，请你在这张人际关系网的示意图中找到连接最多人的路线，并标示出来。注意，路线可能不止一条哟。

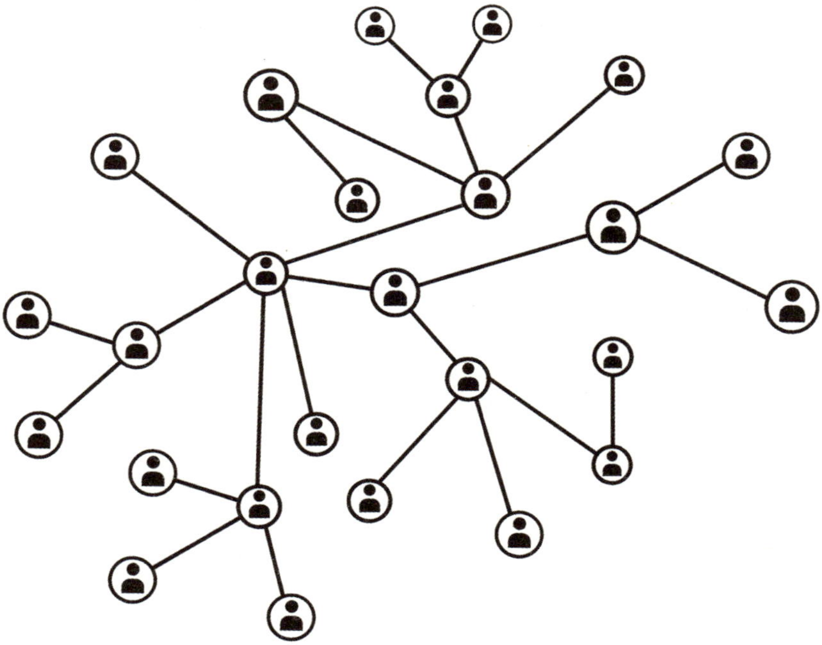

请在下图中找到汇集了六条线的圆点，并把相邻的符合条件的圆点连起来。

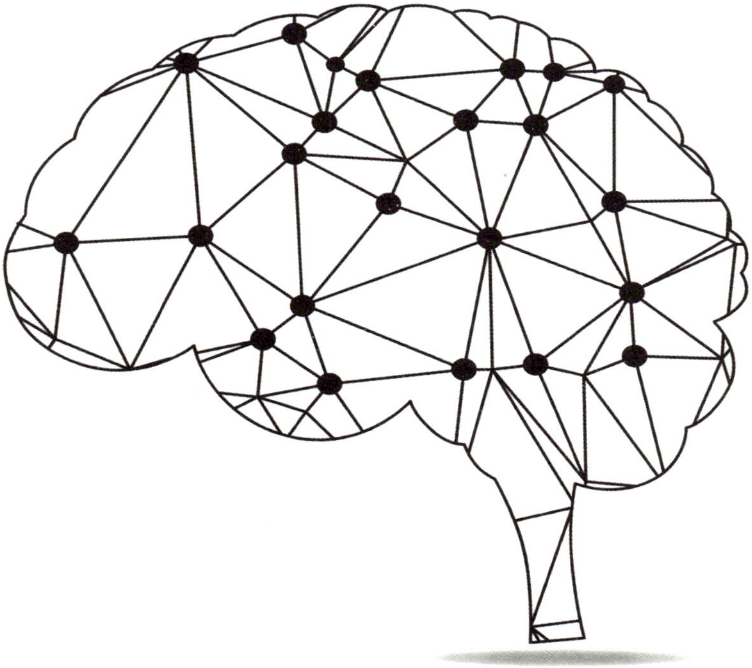

观察下图，第一行的立方体和第二行的立方体中有三组是两两对应的，请把无法配对的那两个立方体用线连起来。

观察下面这个迷宫，请帮迷宫中央的人找到能走出迷宫的三个出口，并把路线分别标示出来。通往有的出口的路线可能不止一条哟。

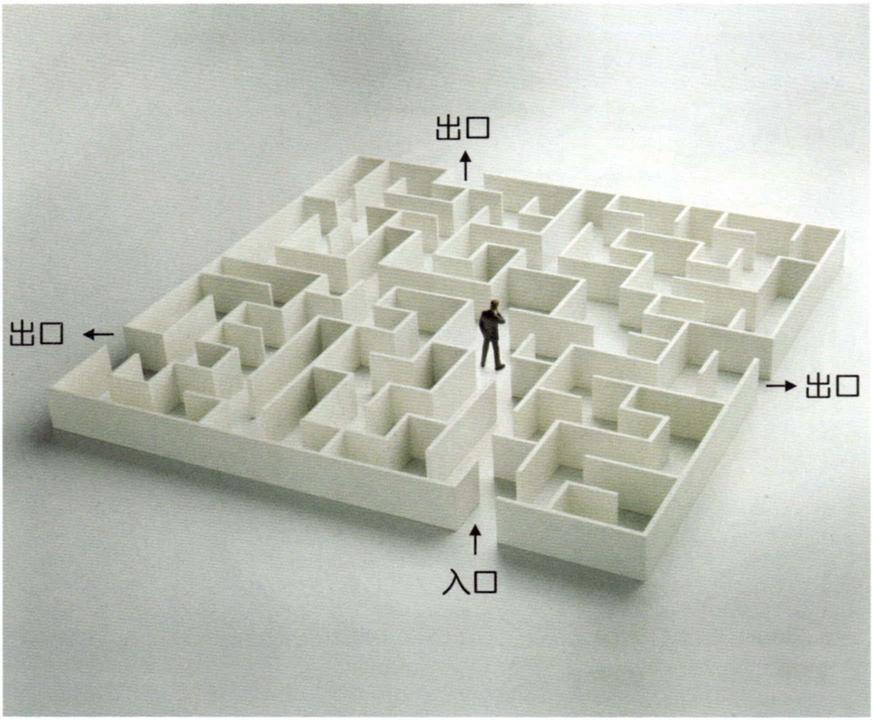

出口

出口

出口

入口

在下面这个"大脑迷宫"中，谁能抵达象征智慧的黄色发光体所在处？圈出这些人，并把路线标示出来。

观察下面的"大脑迷宫"，找到能够从入口走到出口的路线，并用笔画出来。注意，路线可能不止一条哟。

出口

入口

请在下面这个"大脑迷宫"中找一条经过所有蓝色区域的"信息传导"路径并画出来。注意，路线可能不止一条哟。

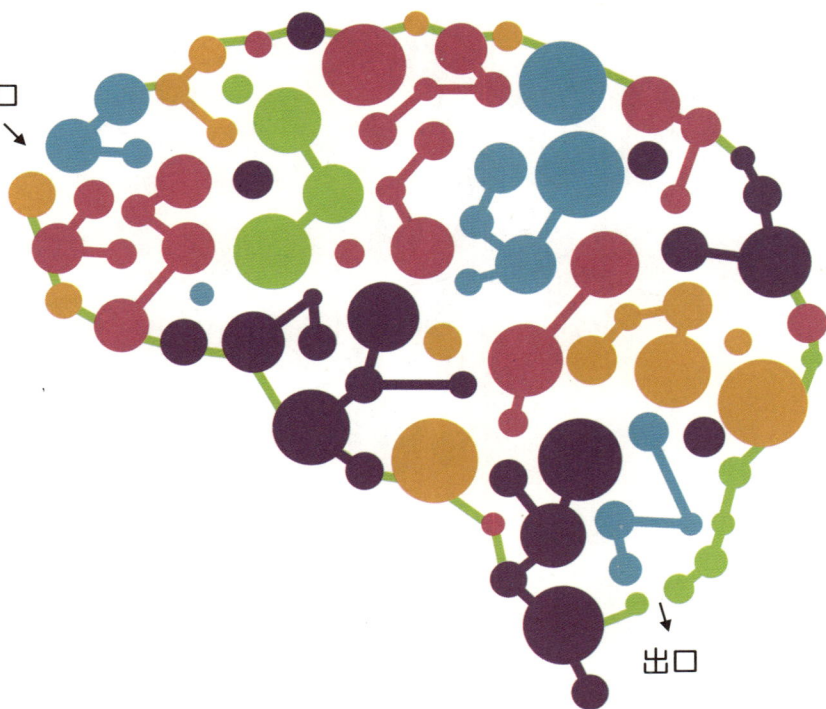

入口

出口

观察下面的"大脑迷宫"，找到能够从起点走到终点的路线，并用笔画出来。注意，路线可能不止一条哟。

起点
→

→
终点

请仔细观察下面这个大正方形，在同一边或相邻边中找到相隔最远的同一种小动物图标，并用线标示出来。（位于正方形四个角的小动物图标分别属于两条边）

请仔细观察下面这个大正方形，在同一边或相邻边中找到相隔最远的同一种大脑图标，并用线标示出来。（位于正方形四个角的大脑图标分别属于两条边）

扫一扫
看本书配套视频课

参考答案

p.1

p.2

p.3

p.4

p.5

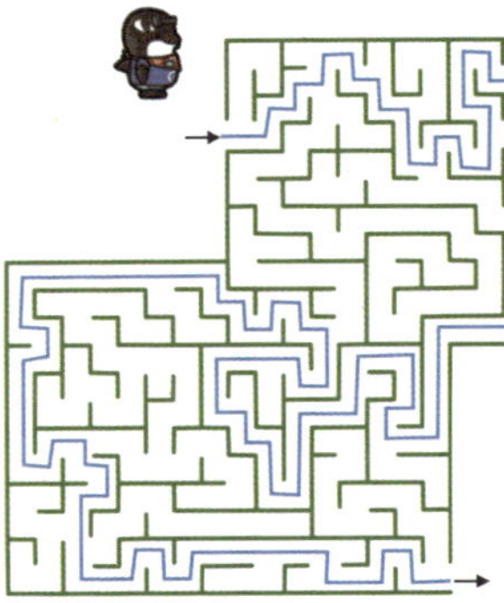

p.8

p.6

p.9

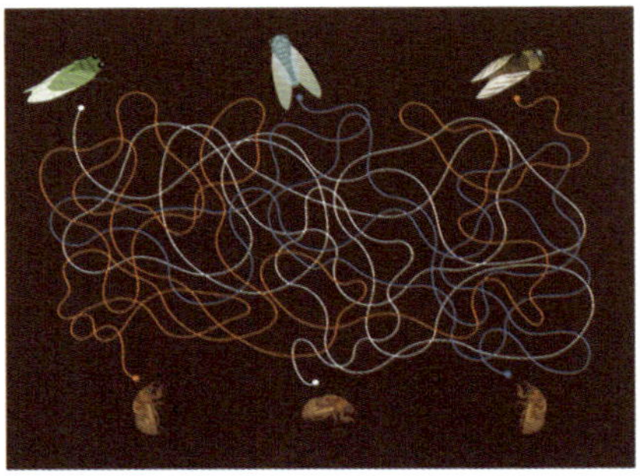

p.7

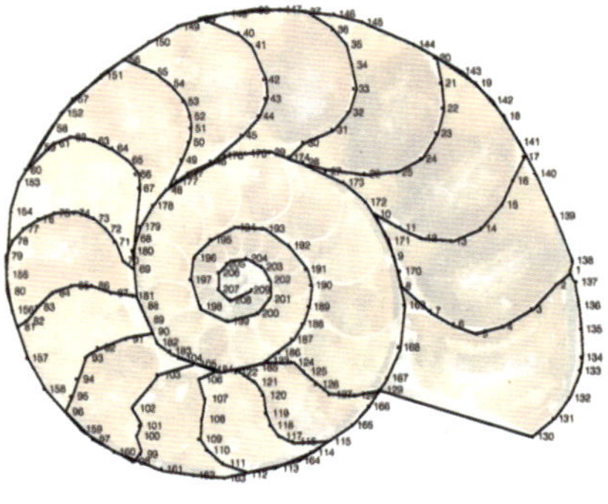

p.10

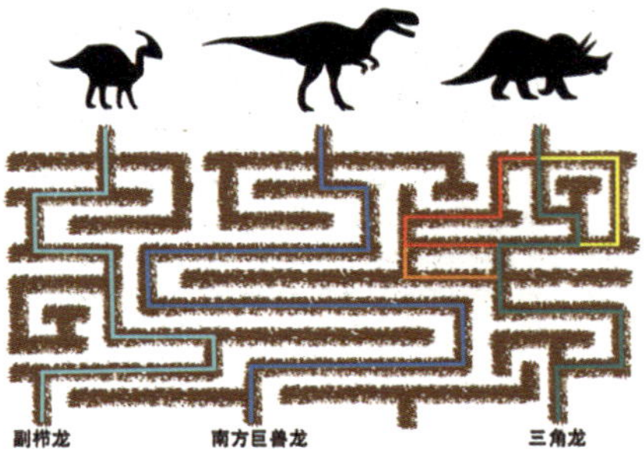

副栉龙   南方巨兽龙   三角龙

p.11

p.14

p.12

p.15

p.13

p.16

A. 6824375
B. 6284357
C. 5743286
D. 6823475
E. 5734286

p.17

A.2
B.3

p.18

p.19

一共有 3 根绳子，用蓝色标出的绳子最长。

p.20

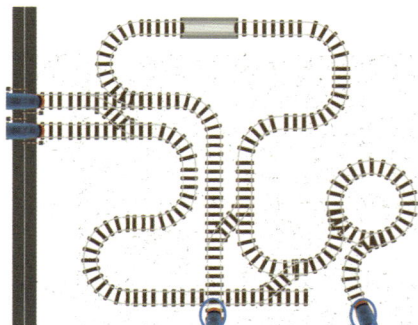

p.21

p.22

p.23

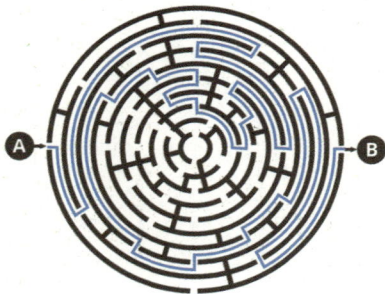

p.24

p.25

路线一：

p.26-2

路线二：

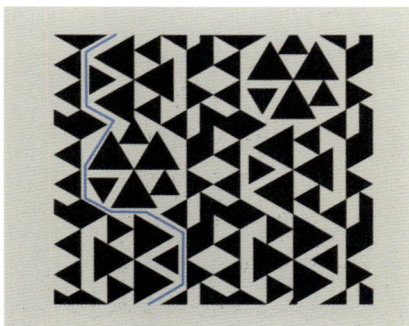

p.27

p.28

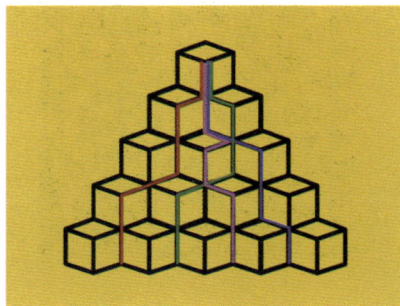

p.29

p.30-1

共有 63 条路线，以下是部分路线。

p.30-2

p.31

p.32

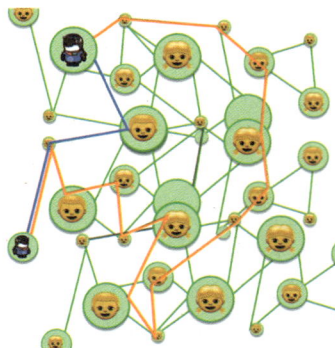

p.33

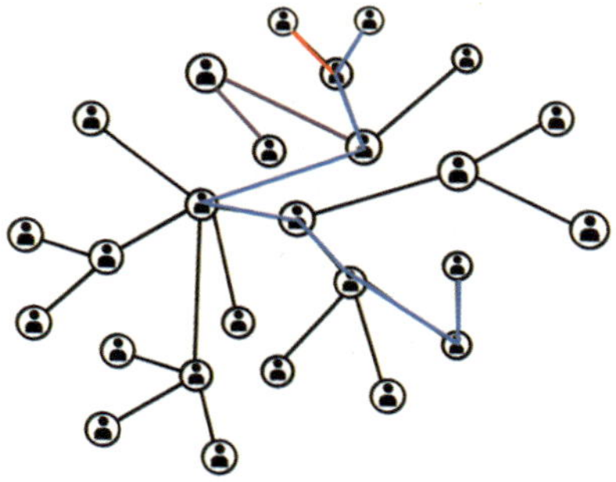

p.36

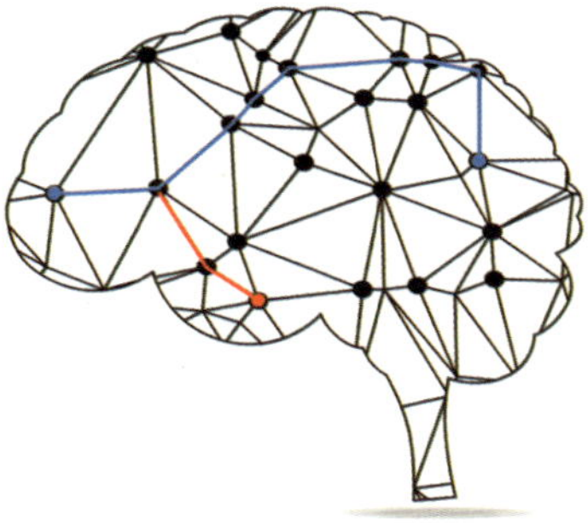

p.34

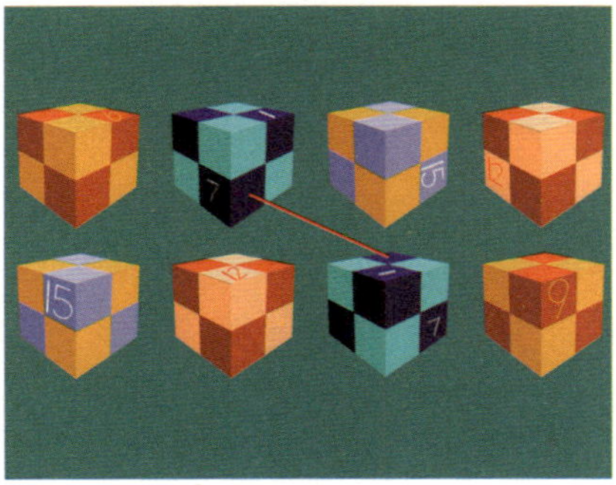

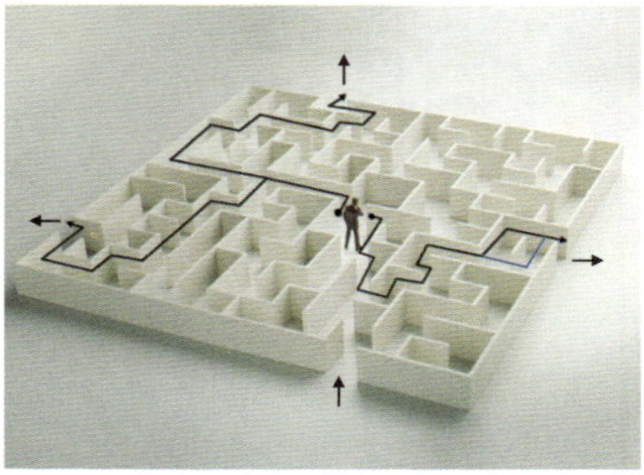

p.37

p.35

p.38

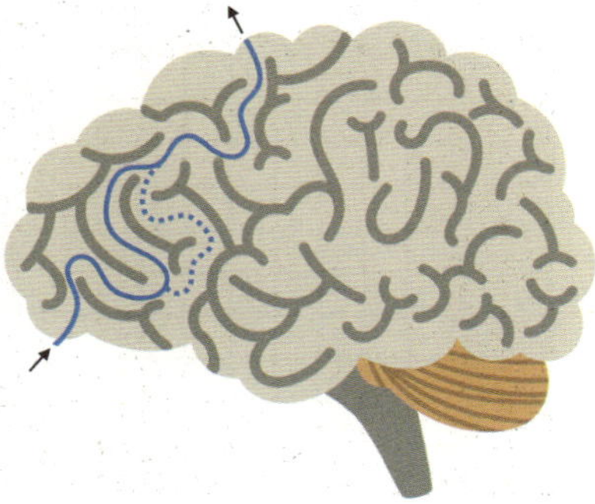

p.39

p.42

p.40

p.41

49天培养专注力

3 不拖拉
·BU TUOLA·

林思恩 ◎ 编著

青岛出版集团 | 青岛出版社

图书在版编目（CIP）数据

49天培养专注力. 3, 不拖拉 / 林思恩编著. — 青岛：青岛出版社, 2023.3

ISBN 978-7-5736-0988-5

Ⅰ.①4… Ⅱ.①林… Ⅲ.①注意－能力培养－少儿读物 Ⅳ.①B842.3-49

中国国家版本馆CIP数据核字(2023)第026855号

49 TIAN PEIYANG ZHUANZHULI

书　　名	49 天 培 养 专 注 力
分 册 名	不拖拉
编　　著	林思恩
出版发行	青岛出版社
社　　址	青岛市崂山区海尔路182号（266061）
本社网址	http://www.qdpub.com
邮购电话	0532-68068091
策　　划	周鸿媛　王　宁
责任编辑	王　韵
特约编辑	宋　迪　王玉格
封面设计	天下书装
照　　排	青岛乐喜力科技发展有限公司
印　　刷	青岛乐喜力科技发展有限公司
出版日期	2023年3月第1版　2023年3月第1次印刷
开　　本	16开（710mm×1000mm）
印　　张	22.5
字　　数	310千
书　　号	ISBN 978-7-5736-0988-5
定　　价	158.00元（全7册）

编校印装质量、盗版监督服务电话　4006532017　0532-68068050

建议陈列类别：少儿益智类

请按照从小到大的顺序，在下面的方格中尽可能快和准确地找到数 1~16，并逐一点出来。请用计时器记录完成的时间。

1	6	11	13
9	15	3	8
4	12	14	5
7	2	10	16

请按从小到大的顺序，在下面的台球上尽可能快和准确地找到数 1~15，并逐一点出来。请用计时器记录完成的时间。

请按从小到大的顺序，在下面的圆球上尽可能快和准确地找到数 1~15，并逐一点出来。请用计时器记录完成的时间。

请按从小到大的顺序，在下面的台球上尽可能快和准确地找到数 1~15，并逐一点出来。注意区分 "6" 和 "9"。请用计时器记录完成的时间。

请按从小到大的顺序，在下面的台球上尽可能快和准确地找到数 1~15，并逐一点出来，注意区分"6"和"9"。请用计时器记录完成的时间。

一般足球比赛中，每支球队有 23 名球员，首发出场的有 11 名，其余球员为替补。下图是一支足球队的 11 名首发球员，请按照球衣号码从小到大的顺序，在最短的时间内确认上场的 11 名球员，并在图上逐一点出来。请用计时器记录完成的时间。

下图是一支足球队的 11 名首发球员，请按照球衣号码从小到大的顺序，在最短的时间内确认上场的 11 名球员，并在图上逐一点出来。请用计时器记录完成的时间。（前排从右往左数第二个球员的号码是 8 号）

请按照从小到大的顺序，在下图中尽可能快和准确地找到数 1~25，并在图上逐一点出来。请用计时器记录完成的时间。

请按照从小到大的顺序，在下图中尽可能快和准确地找到数 1~27，并在图上逐一点出来。请用计时器记录完成的时间。

请从立春开始，按照时间先后顺序，在下面的格子中尽可能快和准确地找到所有节气，并逐一点出来。

清明	立冬	秋分	芒种	立秋
小寒	雨水	小暑	大寒	立春
立夏	小雪	处暑	谷雨	霜降
寒露	二十四节气	惊蛰	大暑	夏至
大雪	春分	冬至	白露	小满

中国古代历经夏、商、西周、春秋、战国、秦、西汉、东汉、三国、西晋、东晋、南朝、北朝、隋、唐、五代、北宋、南宋、元、明、清等朝代。请按照朝代的先后顺序，在下面的格子中尽可能快和准确地找到上述所有朝代，并逐一点出来。

南朝	北宋	中国历史	西晋	明
中国历史	三国	商	战国	西汉
东汉	隋	秦	中国历史	清
五代	中国历史	北朝	夏	元
春秋	南宋	东晋	西周	唐

　　"二十四史"是中国古代"正史"的总称，因包含24部正史而得名，包括《史记》《汉书》《后汉书》《三国志》《晋书》《宋书》《南齐书》《梁书》《陈书》《魏书》《北齐书》《周书》《隋书》《南史》《北史》《旧唐书》《新唐书》《旧五代史》《新五代史》《宋史》《辽史》《金史》《元史》《明史》。请按照以上顺序，在下面的格子中尽可能快和准确地找到上述史书的名字，并逐一点出来。

宋书	新五代史	梁书	元史	史记
南史	周书	旧唐书	南齐书	明史
宋史	汉书	金史	晋书	北史
北齐书	二十四史	魏书	新唐书	后汉书
陈书	旧五代史	隋书	三国志	辽史

请按照从小到大的顺序，在下图中尽可能快和准确地找到数 1~36，并在图上逐一点出来。请用计时器记录完成的时间。

3	7	32	11	21	15
24	12	26	18	4	33
30	19	1	22	36	10
16	27	8	31	14	5
9	2	17	35	25	29
28	23	34	6	20	13

　　《三十六计》是中国古代兵书，全书分为六套战法、三十六种计谋。第一套战法为胜战计，包括瞒天过海、围魏救赵、借刀杀人、以逸待劳、趁火打劫、声东击西六计；第二套为敌战计，包括无中生有、暗度陈仓、隔岸观火、笑里藏刀、李代桃僵、顺手牵羊六计；第三套为攻战计，包括打草惊蛇、借尸还魂、调虎离山、欲擒故纵、抛砖引玉、擒贼擒王六计；第四套为混战计，包括釜底抽薪、浑水摸鱼、金蝉脱壳、关门捉贼、远交近攻、假途灭虢六计；第五套为并战计，包括偷梁换柱、指桑骂槐、假痴不癫、上屋抽梯、树上开花、反客为主六计；第六套为败战计，包括美人计、空城计、反间计、苦肉计、连环计、走为上计六计。请你按照以上顺序，在下图中尽可能快和准确地找到上述所有计策，并在图上逐一点出来。

"一重山，两重山。山远天高烟水寒，相思枫叶丹。菊花开，菊花残。塞雁高飞人未还，一帘风月闲。"这是南唐后主李煜的《长相思·一重山》。请按照原文，在下面的格子中依次找到文中的每个字，并逐一点出来，要尽可能快和准确哟。

一	花	闲	重	飞	水
思	塞	高	花	帘	山
山	月	开	寒	丹	雁
未	重	叶	一	远	菊
残	相	高	两	风	枫
山	还	天	人	菊	烟

"金陵城上西楼，倚清秋。万里夕阳垂地，大江流。中原乱，簪缨散，几时收？试倩悲风吹泪，过扬州。"这是宋代词人朱敦儒的《相见欢·金陵城上西楼》。请按照原文，在下面的格子中依次找到文中的每个字，并逐一点出来，要尽可能快和准确哟。

西	原	扬	万	试	城
泪	大	金	簪	清	几
收	倚	散	风	阳	地
乱	倩	夕	江	州	楼
流	里	时	陵	缨	吹
上	过	垂	悲	秋	中

请按照从小到大的顺序，在下图中尽可能快和准确地找到数 1~49，并在图上逐一点出来。请用计时器记录完成的时间。

33	8	29	15	38	23	3
41	20	1	49	26	13	31
6	48	24	35	11	42	16
44	32	39	28	5	21	9
27	4	12	46	17	30	40
19	25	43	14	34	2	45
10	37	18	7	47	36	22

"风急天高猿啸哀，渚清沙白鸟飞回。无边落木萧萧下，不尽长江滚滚来。万里悲秋常作客，百年多病独登台。艰难苦恨繁霜鬓，潦倒新停浊酒杯。"这是唐代诗人杜甫的著名诗作《登高》。请按照原文，在下面的格子中依次找到文中的每个字（从第二句开始），并逐一点出来，要尽可能快和准确哟。

霜	不	无	新	百	白	万
回	常	滚	倒	萧	恨	独
病	下	艰	渚	客	长	停
江	登	酒	萧	难	秋	飞
潦	清	多	作	来	边	鬓
落	繁	里	台	沙	杯	尽
悲	浊	鸟	滚	苦	年	木

请按照从小到大的顺序，在下图中尽可能快和准确地找到数 1~64，并在图上逐一点出来。请用计时器记录完成的时间。

1	60	19	48	10	23	40	34
43	27	50	16	37	6	52	4
35	9	63	30	25	44	18	47
14	55	31	2	61	38	57	11
46	24	36	59	17	51	7	29
21	3	12	41	64	26	32	53
28	62	8	54	49	13	42	22
56	33	45	20	5	58	15	39

请按照从小到大的顺序，在下面的方格中尽可能快和准确地找到数 1~81，并逐一点出来。请用计时器记录完成的时间。

1	55	47	10	65	37	77	21	28
60	14	22	32	73	69	5	45	50
31	52	2	76	44	24	81	11	57
67	41	59	26	53	18	35	78	7
20	64	30	80	8	16	62	49	38
46	3	72	40	33	56	25	70	13
75	34	12	61	27	48	43	9	66
42	23	79	54	17	63	4	36	71
15	68	39	6	74	29	51	58	19

"山不在高，有仙则名。水不在深，有龙则灵。斯是陋室，惟吾德馨。苔痕上阶绿，草色入帘青。谈笑有鸿儒，往来无白丁。可以调素琴，阅金经。无丝竹之乱耳，无案牍之劳形。南阳诸葛庐，西蜀子云亭。孔子云：何陋之有？"这是唐代诗人刘禹锡的《陋室铭》。请按照原文，在下面的格子中依次找到文中的每个字，并逐一点出来，要尽可能快和准确哟。

在	琴	痕	孔	水	往	劳	是	白
西	山	谈	金	色	何	德	案	名
草	丁	无	不	阳	陋	素	帘	有
惟	耳	上	云	斯	子	有	丝	苔
可	葛	深	青	牍	有	诸	绿	阅
南	高	亭	来	在	乱	有	陋	龙
则	调	之	吾	之	儒	灵	无	形
不	子	笑	蜀	入	经	以	则	之
无	阶	竹	仙	庐	馨	云	鸿	室

数独是一种数学游戏，玩家需要根据 9×9 表格内已知的数字，推理出剩余空格中的数字，并满足每一行、每一列、每一个粗线宫（3×3）内均含数字 1~9，且每一行、每一列、每一个粗线宫内的数字不重复。来完成下面这个数独挑战吧！

2		1					5	
						1	9	3
	3		5	8				
		2	7			8		
	9			3		4		
3	4				8			2
	1				9			
		4	8			9	6	1
8		9		1				7

请按照从小到大的顺序，在下面的方格中尽可能快和准确地找到数 1~81，并逐一点出来。请用计时器记录完成的时间。

1	55	47	10	65	37	77	21	28
60	14	22	32	73	69	5	45	50
31	52	2	76	44	24	81	11	57
67	41	59	26	53	18	35	78	7
20	64	30	80	8	16	62	49	38
46	3	72	40	33	56	25	70	13
75	34	12	61	27	48	43	9	66
42	23	79	54	17	63	4	36	71
15	68	39	6	74	29	51	58	19

请按照从小到大的顺序，在下面的方格中尽可能快和准确地找到数 1~81，并逐一点出来。请用计时器记录完成的时间。

1	55	47	10	65	37	77	21	28
60	14	22	32	73	69	5	45	50
31	52	2	76	44	24	81	11	57
67	41	59	26	53	18	35	78	7
20	64	30	80	8	16	62	49	38
46	3	72	40	33	56	25	70	13
75	34	12	61	27	48	43	9	66
42	23	79	54	17	63	4	36	71
15	68	39	6	74	29	51	58	19

请按照从小到大的顺序，在下面的方格中尽可能快和准确地找到数 1~81，并逐一点出来。请用计时器记录完成的时间。

1	55	47	10	65	37	77	21	28
60	14	22	32	73	69	5	45	50
31	52	2	76	44	24	81	11	57
67	41	59	26	53	18	35	78	7
20	64	30	80	8	16	62	49	38
46	3	72	40	33	56	25	70	13
75	34	12	61	27	48	43	9	66
42	23	79	54	17	63	4	36	71
15	68	39	6	74	29	51	58	19

下面的方格里有 26 个大写字母、26 个小写字母以及数 1~29，请先按照从小到大的顺序找到数 1~29，然后按照从 A 到 Z 的顺序找到 26 个大写字母，最后按照从 a 到 z 的顺序找到 26 个小写字母。要尽可能快和准确地完成每个任务哟。请用计时器记录完成每个任务的时间，最后比较一下两个找字母的任务的完成时间。

A	27	T	s	b	I	3	23	m
y	j	1	Q	18	u	10	W	S
o	8	a	7	B	21	k	F	e
V	H	25	h	n	2	L	26	w
d	15	C	z	U	16	p	6	K
12	Y	l	5	J	v	D	i	20
22	N	c	Z	q	t	28	M	r
O	q	19	R	14	f	24	13	G
4	g	E	29	17	P	X	11	x

下面的方格里有 26 个大写字母、26 个小写字母以及数 1~29，请先按照从小到大的顺序找到数 1~29，然后按照从 A 到 Z 的顺序找到 26 个大写字母，最后按照从 a 到 z 的顺序找到 26 个小写字母。要尽可能快和准确地完成每个任务哟。请用计时器记录完成每个任务的时间，最后比较一下两个找字母的任务的完成时间。

A	27	T	s	b	l	3	23	m
y	j	1	Q	18	u	10	W	S
o	8	a	7	B	21	k	F	e
V	H	25	h	n	2	L	26	w
d	15	C	z	U	16	p	6	K
12	Y	l	5	J	v	D	i	20
22	N	c	Z	q	t	28	M	r
O	q	19	R	14	f	24	13	G
4	g	E	29	17	P	X	11	x

　　下面的方格里有很多不同颜色和形状的图形，请先找到所有灰色的圆形，然后找到所有灰色的五角星，最后找到与左右相邻图形颜色、形状不同，且与其相邻的这两个图形的颜色也不同的图形。用不同颜色的笔将上述图形分别圈出来。请尽可能快和准确地完成每个任务，并用计时器记录完成每个任务的时间。

下面的彩色方格里有很多白色和灰色的不同形状的图形，请先找到所有不在蓝色方格中的灰色的圆形，然后找到所有不在蓝色方格中的灰色的五角星，最后找到左右相邻方格底色相同，且这两个方格中的图形的形状也相同的图形。用不同颜色的笔将上述图形在图上逐一圈出来。请尽可能快和准确地完成每个任务，并用计时器记录完成每个任务的时间。

29

　　下面的彩色方格里有红色、黄色、蓝色、绿色、紫色、灰色的不同形状的图形，请先找到所有不在蓝色方格中的灰色的圆形，然后找到所有不在蓝色和黄色方格中的五角星，最后找到左右相邻方格底色不同，但这两个方格中图形的形状相同的图形。用不同颜色的笔将上述图形在图上逐一圈出来。请尽可能快和准确地完成每个任务，并用计时器记录完成每个任务的时间。

独体字是指不能拆分为两个或几个偏旁或部件的汉字，而合体字是指由两个或两个以上的偏旁组成的汉字。请你按从左到右的顺序观察下面的独体字，找到并圈出那些可以和前一个字（每行第一个字的前一个字为上一行的最后一个字）组成合体字的独体字来。请尽可能快和准确地完成哟。

白	日	十	水	立	口	木
一	龙	土	大	雨	子	八
目	刀	云	虫	儿	方	又
久	火	贝	夕	寸	弓	少
力	西	几	习	及	且	之

书法是文字的书写艺术，在我国历史上扮演着重要的角色。书法字体主要有篆书、隶书、楷书、行书、草书等，而魏碑体是出现在隶书向楷书过渡时期的一种风格独特的楷书。下面的格子中的字有隶书、楷书和魏碑体三种字体，请尝试辨别这三种字体，用不同颜色的笔分别圈出用隶书和魏碑体写的字。

白	日	王
魏碑体	隶书	楷书

白	日	十	王	立	口	木
一	文	土	大	雨	子	八
目	刀	云	虫	儿	方	又
田	火	贝	夕	寸	弓	工
力	西	几	习	及	且	之

请认真观察下面的格子中文字的字体，用不同颜色的笔，尽可能快和准确地依次圈出楷体字和用魏碑体书写的代表动物的字。

马	花	石	羊	井	蛇	木
书	鸡	土	猪	雨	鼠	叶
猴	刀	云	虫	儿	牛	又
田	火	鸭	风	金	弓	兔
龙	水	人	虎	山	狗	树

下面的表格中有 35 个四字词语，请尽可能快和准确地圈出那些描述人的动作快慢或做事速度快慢的词语来。

风驰电掣	持之以恒	如虎添翼	刻不容缓	不言不语	日新月异	只争朝夕
坚韧不拔	度日如年	白驹过隙	瞬息万变	稍纵即逝	过目不忘	举步维艰
雷厉风行	迫不及待	一目十行	姗姗来迟	日月如梭	健步如飞	百折不挠
不厌其烦	大步流星	笔耕不辍	光阴似箭	锲而不舍	手疾眼快	慢条斯理
生龙活虎	孜孜不倦	时光荏苒	辗转反侧	不徐不疾	不屈不挠	转瞬即逝

下面的彩色方格里有一些代表颜色的字，请尽可能快和准确地找到方格底色和这个字所代表的颜色一致的字，并逐一圈出来。

红	绿	黄	蓝	紫	橙	绿	紫	红
黄	紫	橙	紫	绿	蓝	黄	红	橙
橙	黄	绿	红	紫	绿	蓝	绿	橙
黄	红	蓝	黄	黄	紫	红	紫	黄
橙	绿	黄	紫	绿	橙	黄	蓝	橙
红	紫	绿	橙	红	紫	蓝	橙	黄
黄	绿	黄	红	绿	红	紫	红	橙
紫	蓝	紫	黄	蓝	橙	紫	蓝	红
黄	绿	红	蓝	橙	紫	红	黄	绿

下面的方格里有一些代表颜色的字，请尽可能快和准确地找到字的颜色和这个字所代表的颜色一致的字，并逐一圈出来。

红	绿	黄	蓝	紫	橙	绿	紫	红
黄	紫	橙	黄	绿	蓝	黄	红	橙
橙	黄	绿	红	紫	绿	蓝	绿	橙
黄	红	蓝	黄	黄	紫	红	紫	黄
橙	绿	黄	紫	绿	橙	黄	蓝	橙
红	紫	绿	橙	红	紫	蓝	橙	黄
黄	绿	黄	红	绿	红	黄	紫	橙
紫	蓝	紫	黄	蓝	橙	紫	蓝	红
黄	绿	红	蓝	橙	紫	红	黄	绿

下面的彩色方格里有一些代表颜色的字，请先圈出方格底色和这个字所代表的颜色一致的字，然后圈出字的颜色和这个字所代表的颜色一致的字。要尽可能快和准确哟。

红	绿	黄	蓝	紫	橙	绿	紫	红
黄	紫	橙	黄	绿	蓝	黄	红	橙
橙	黄	绿	红	紫	绿	蓝	绿	橙
黄	红	蓝	黄	黄	紫	红	紫	黄
橙	绿	黄	紫	绿	橙	黄	蓝	橙
红	紫	绿	橙	红	紫	蓝	橙	黄
黄	绿	黄	红	绿	红	黄	紫	橙
紫	蓝	紫	黄	蓝	橙	紫	蓝	红
黄	绿	红	蓝	橙	紫	红	黄	绿

　　在我们的日常生活中，运动、学习和思考、休息和放松都有利于大脑的健康。请仔细观察下面方格里不同状态的"大脑"卡通形象，尽可能快和准确地依次圈出运动的大脑、看书和思考的大脑以及听音乐和睡觉的大脑。

　　劳逸结合对保持大脑活力十分重要。请仔细观察下面方格里不同状态的"大脑"卡通形象，尽可能快和准确地圈出在白天运动的大脑以及在晚上睡觉的大脑（白色方格代表白天，黑色方格代表晚上）。

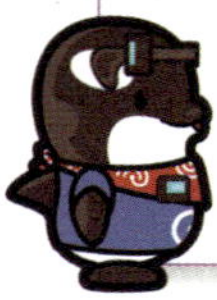

　　下面这些彩色方格中，不同颜色的格子代表不同的人，格子中的"大脑"卡通形象分别对应不同人做的事情和状态。请你仔细观察，尽可能快和准确地圈出所有不健康的生活方式和负面的心理状态（包括酗酒、持续恐惧和忧郁，如图例所示），并说出哪个颜色的格子代表的人不健康的生活方式和负面的心理状态出现的次数最多。

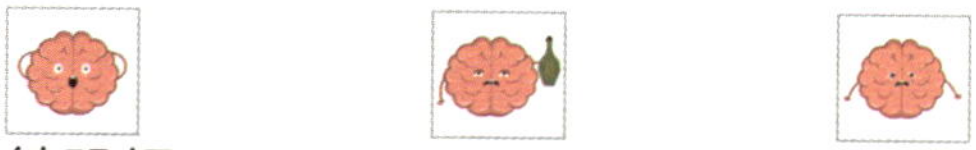

持续恐惧　　　　酗酒　　　　忧郁

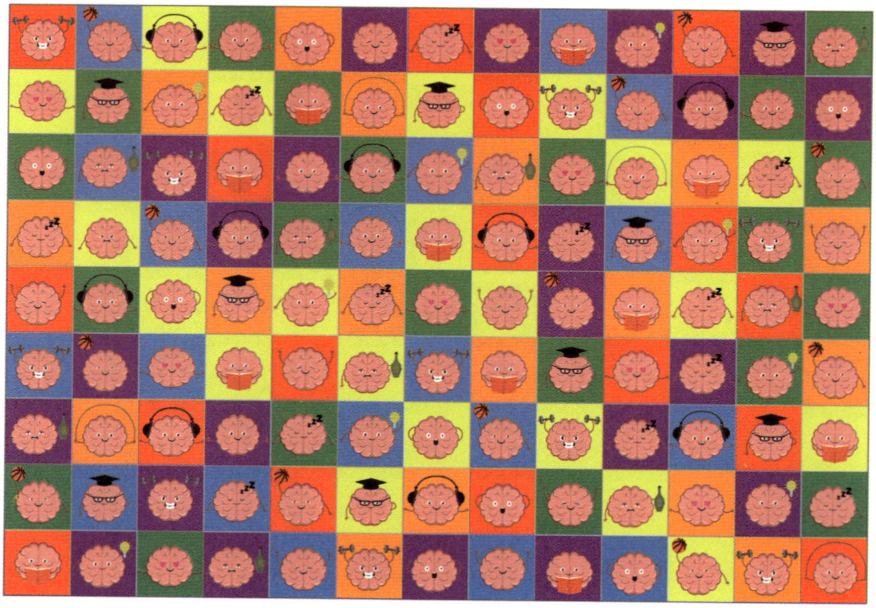

　　九九消寒图是古人根据数九方法绘制的图，用来记录从冬至那天开始八十一天内天气的变化情况。九九消寒图包括文字式、梅花图式和圆圈式三种。下图是一幅圆圈式九九消寒图，图中共有九个格子，每格有九个圆圈，每天填充一个圆圈，填充的方法与天气有关，涂法是"上阴，下晴，左风，右雨，雪当中"。请耐下心来，从冬至那天开始，每天填充一个圆圈，完成下面的九九消寒图吧！

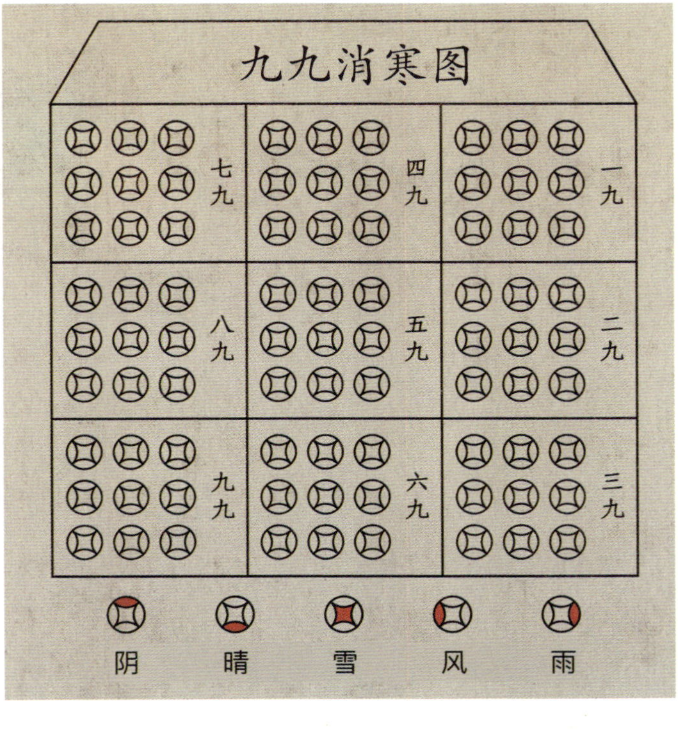

九九消寒图

| 阴 | 晴 | 雪 | 风 | 雨 |

下图是文字式九九消寒图和梅花图式九九消寒。梅花图式九九消寒图包含九朵梅花，每朵梅花有九个花瓣，共八十一瓣。从冬至那天开始，每天涂一个花瓣，都涂完以后，则九九尽，万物复苏。文字式九九消寒图选择了九个九画的字联成一句（文字右起竖排），从冬至那天开始，每天涂一个笔画，八十一天后涂完。请从冬至那天开始，每天涂一个笔画和一个花瓣。

草　幽　庭
重　挟　院
茵　巷　春

参考答案

扫一扫
看本书配套视频课

p.22

2	7	1	3	9	4	6	5	8
4	8	5	6	2	7	1	9	3
9	3	6	5	8	1	7	2	4
1	6	2	7	4	5	8	3	9
5	9	8	1	3	2	4	7	6
3	4	7	9	6	8	5	1	2
6	1	3	4	7	9	2	8	5
7	2	4	8	5	3	9	6	1
8	5	9	2	1	6	3	4	7

p.29

p.28

p.30

p.31

白	日	十	水	立	口	木
一	龙	土	大	雨	子	八
目	刀	云	虫	儿	方	又
久	火	贝	夕	寸	弓	少
力	西	几	习	及	且	之

p.34

风驰电掣	持之以恒	如虎添翼	刻不容缓	不言不语	日新月异	只争朝夕
坚韧不拔	度日如年	白驹过隙	瞬息万变	稍纵即逝	过目不忘	举步维艰
雷厉风行	迫不及待	一目十行	姗姗来迟	日月如梭	健步如飞	百折不挠
不厌其烦	大步流星	笔耕不辍	光阴似箭	锲而不舍	手疾眼快	慢条斯理
生龙活虎	孜孜不倦	时光荏苒	辗转反侧	不徐不疾	不屈不挠	转瞬即逝

p.32

白	日	十	王	立	口	木
一	文	土	大	雨	子	八
目	刀	云	虫	儿	方	又
田	火	贝	夕	寸	弓	工
力	西	几	习	及	且	之

p.35

p.33

马	花	石	羊	井	蛇	木
书	鸡	土	猪	雨	鼠	叶
猴	刀	云	虫	儿	牛	又
田	火	鸭	风	金	弓	兔
龙	水	人	虎	山	狗	树

p.36

p.37-1

p.37-2

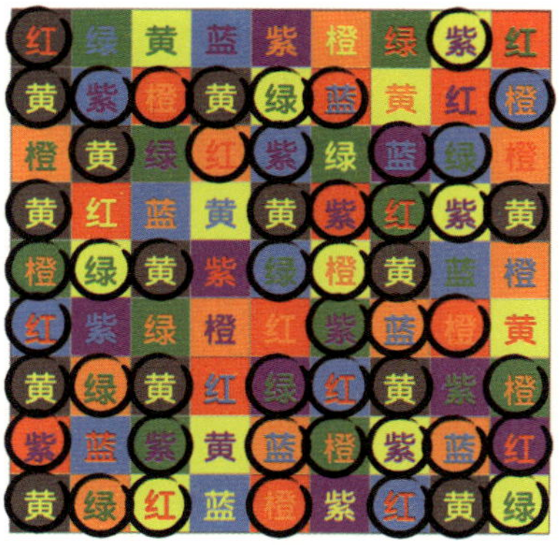

p.38-1

运动的大脑。

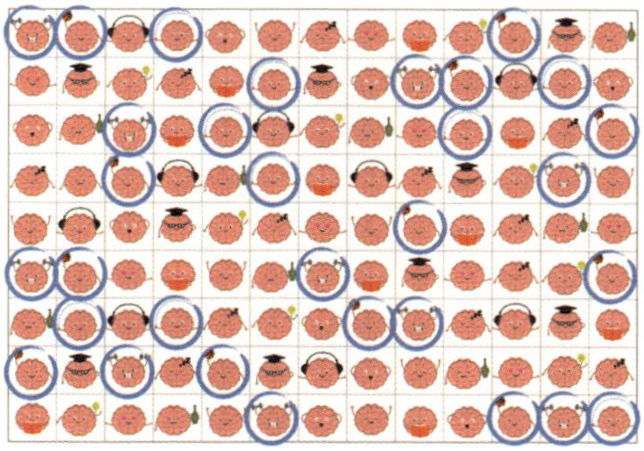

p.38-2

看书和思考的大脑。

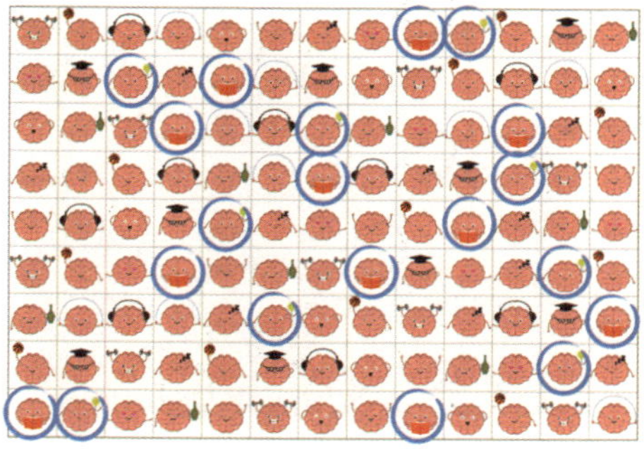

p.38-3

听音乐和睡觉的大脑。

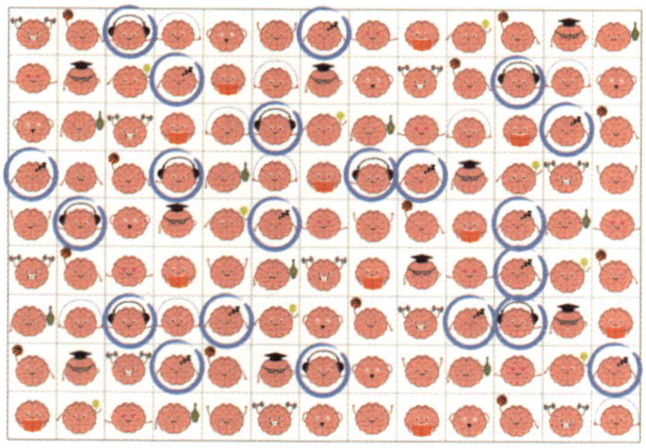

p.39

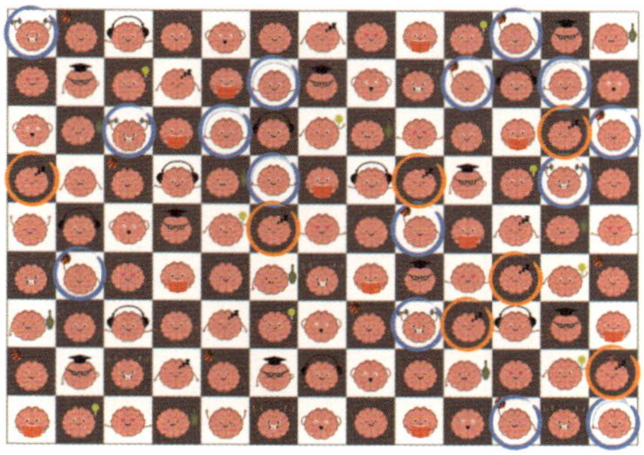

p.40

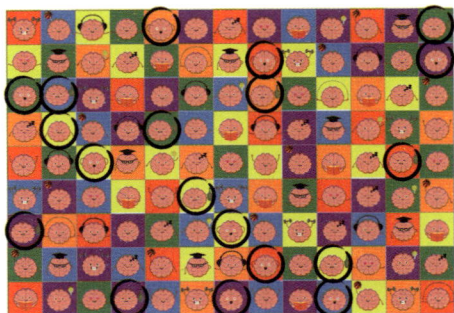

　　黄色格子代表的人不健康
的生活方式和负面的心理状态
出现的次数最多。

49天培养专注力

4 视觉专注
·SHIJUE ZHUANZHU·

林思恩◎编著

青岛出版集团 | 青岛出版社

图书在版编目（CIP）数据

49天培养专注力.4,视觉专注 / 林思恩编著.—青岛：青岛出版社,2023.3

ISBN 978-7-5736-0988-5

Ⅰ.①4… Ⅱ.①林… Ⅲ.①注意－能力培养－少儿读物 Ⅳ.①B842.3-49

中国国家版本馆CIP数据核字(2023)第026854号

书 名	49 TIAN PEIYANG ZHUANZHULI **49 天 培 养 专 注 力**	
分 册 名	视觉专注	
编 著	林思恩	
出版发行	青岛出版社	
社 址	青岛市崂山区海尔路182号（266061）	
本社网址	http://www.qdpub.com	
邮购电话	0532-68068091	
策 划	周鸿媛 王 宁	
责任编辑	王 韵	
特约编辑	宋 迪 王玉格	
封面设计	天下书装	
照 排	青岛乐喜力科技发展有限公司	
印 刷	青岛乐喜力科技发展有限公司	
出版日期	2023年3月第1版 2023年3月第1次印刷	
开 本	16开（710mm×1000mm）	
印 张	22.5	
字 数	310千	
书 号	ISBN 978-7-5736-0988-5	
定 价	158.00元（全7册）	

编校印装质量、盗版监督服务电话 4006532017 0532-68068050

建议陈列类别：少儿益智类

下图展示的是某座火山喷发时的场景，假设你是乘坐时光机穿越到那里的古生物学家，请找到所有动物，并带领它们撤离到安全地带。

请在这个由很多三角形组成的心形图案中，找到符合以下特点的三角形：

·三条边都与其他三角形共享，且与其共享边的这三个三角形颜色都相同；

·三条边都与其他三角形共享，且与其共享边的这三个三角形彼此颜色均不同。

请仔细观察下图，数数下面的彩带中一共有几个" 🎀 "（不包括镜像图），并将它们一一圈出来。

　　这是一张编织图样的设计图，但是其中一些位置的图案有错误。这个图样应该是由等大、等宽的布条交叉编织而成的，请你找到错误的位置并用笔圈出来。

请仔细观察下面的局部图分别属于哪只丹顶鹤，并用连线的方式表示出来。

请仔细观察下图，数一数下面的纸飞机中一共有几架"✈"和"✈"，并将它们一一圈出。

请仔细观察下面的图片中是否存在外形完全一致（不考虑大小）的羽毛，如果有的话，把它们圈出来。

请仔细观察下图，找到并圈出形态和飞行轨迹完全一致的纸飞机，注意用同一种颜色表示彼此相同的纸飞机。

请仔细观察下图，在大大小小的羽毛中数一数一共有几个" 🪶 "（包括镜像图），并将它们一一圈出。

请仔细观察下图，数一数下面的纸飞机中一共有几架 " "（不包括镜像图），并将它们一一圈出。

请仔细观察下图，在图中找到和下方的立方体一模一样的立方体并圈出来（假设各个立方体 6 个面上的点数都不同）。

请仔细观察下图，在图中找到和右下角的立方体一模一样的立方体并圈出来（假设各个立方体 6 个面上的点数都不同）。

请仔细观察下图中最左边那一列的毛线编织花样，然后在右边的两列中找到编织花样一致的，并将它们分别连起来。

请仔细观察下方左侧的图片中的花纹，其中哪些花纹属于右边的动物呢？连连看吧！

请在下图中找到唯一的"大"字，并把它圈出来。

请在下图中找到唯一的"太"字，并把它圈出来。

请在下图中找到唯一的"胄"字，并把它圈出来。

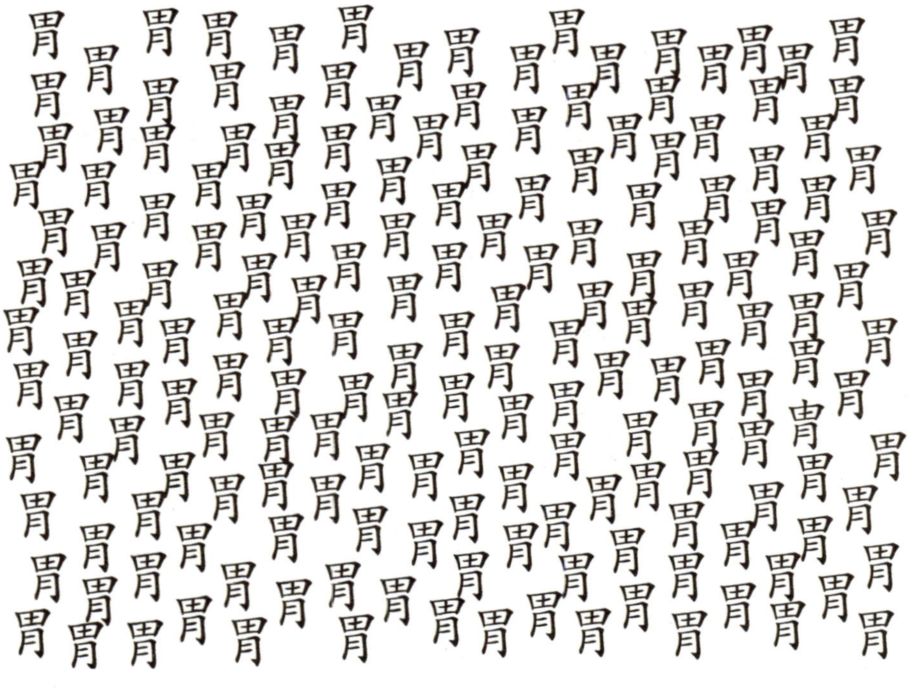

请在下图中找到唯一的"胃"字,并把它圈出来。

通过做这四个练习,你觉得是在"不突出"中找"突出"容易,还是在"突出"中找"不突出"容易呢?

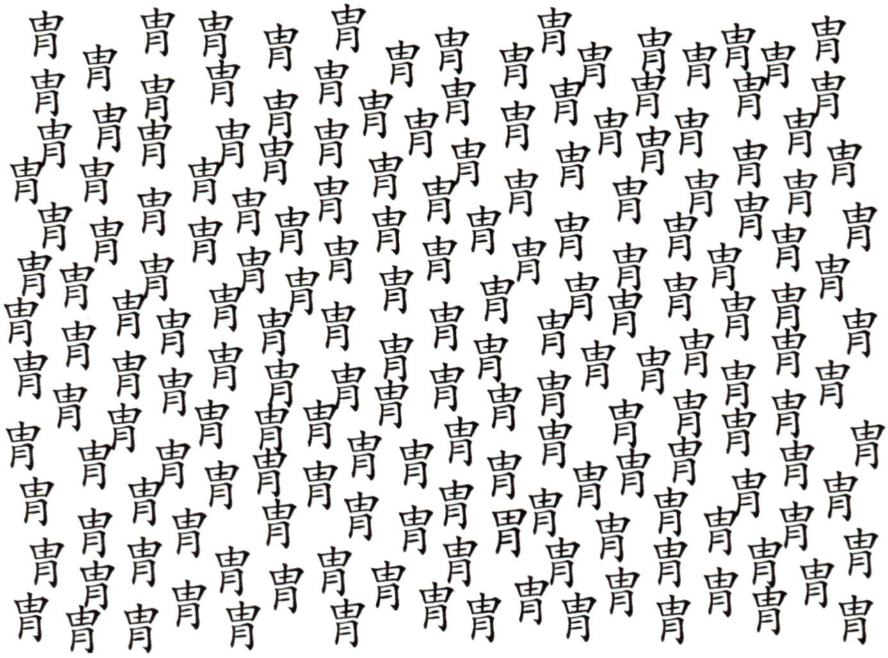

请在下面这些没什么表情的小动物中，找到有笑脸的那只。

请在下面这些有笑脸的小动物中，找到没什么表情的那只。

通过做这两个练习，你觉得是找有笑容的面孔容易，还是找没什么表情的面孔容易呢？让我们多多感受有笑容的面孔，在生活中寻找和发现更多的快乐吧！

请仔细观察下方左边的三个拼图和右边的拼图碎片（假设碎片正反面都是白色的），在右边的碎片中找到拼图中用到的碎片，用连线的方式标示出来。注意，有的碎片在拼图中可能用到了不止一次哟。

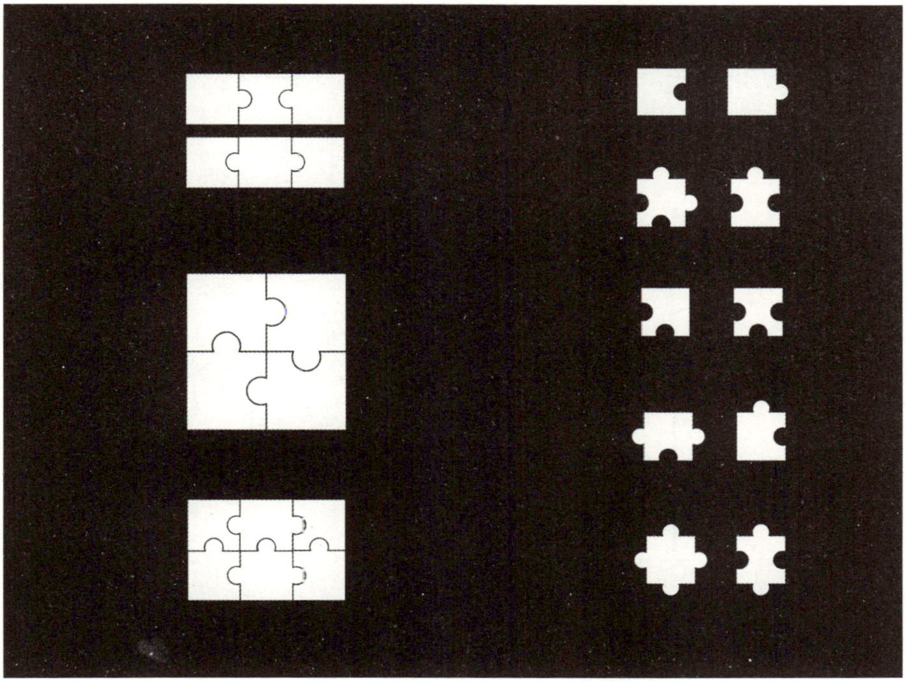

请仔细观察下方左边的拼图和右边的拼图碎片（假设碎片正反面都是白色的），在右边的碎片中找到拼图中用到的碎片，用连线的方式标示出来。注意，有的碎片在拼图中可能用到了不止一次哟。

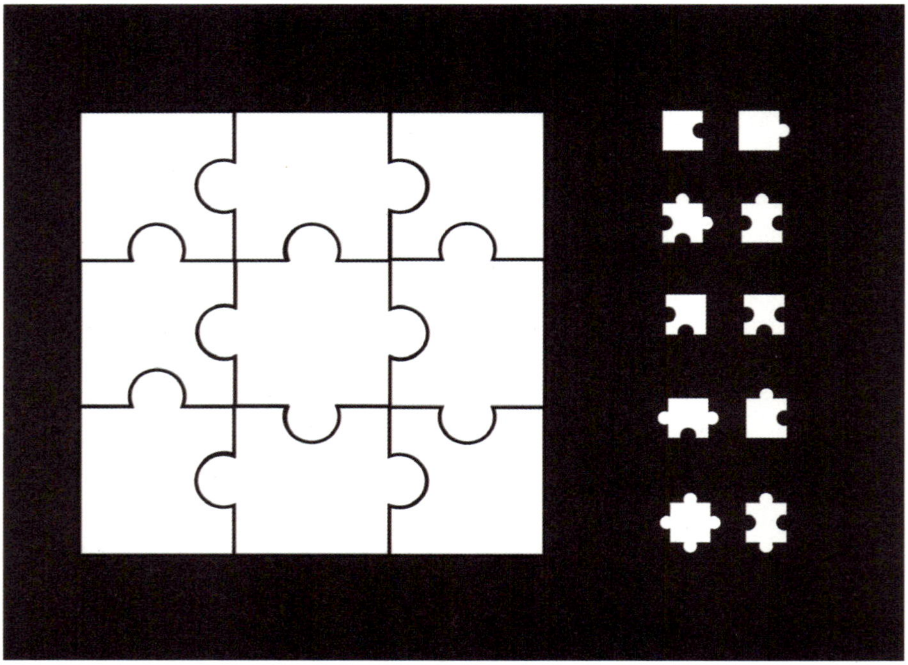

请仔细观察下方左边的拼图和右边的拼图碎片（假设碎片正反面都是白色的），在右边的碎片中找到拼图中用到的碎片，用连线的方式标示出来。注意，有的碎片在拼图中可能用到了不止一次哟。

　　请仔细观察下方左边的拼图和右边的拼图碎片（假设碎片正反面都是白色的），在右边的碎片中找到拼图中用到的碎片，用连线的方式标示出来。注意，有的碎片在拼图中可能用到了不止一次哟。

下面的鸭子轮廓图是用七巧板拼成的，请在轮廓图中画出每块七巧板的位置。拼法不止一种哟。

下面的狐狸轮廓图是用七巧板拼成的，请在轮廓图中画出每块七巧板的位置。拼法不止一种哟。

　　下面的图形是用七巧板拼成的，请在图形中画出每块七巧板的位置。拼法不止一种哟。

这里有 12 块拼图碎片，其中的 9 块可以用来拼出一个完整的正方形，请先圈出不能用于拼这个正方形的碎片，再将这个正方形拼出来。

请仔细观察下方的 3×3 拼图，数一数其中包含多少种不同形状的碎片，然后尝试用最少形状的碎片（每种碎片不限数量），重新拼成一个 3×3 的拼图。拼法可能不止一种哟。

正月十五闹花灯是我国的传统习俗。数一数下图中有多少个和圈出来的灯笼的骨架颜色一样的灯笼，并把它们圈出来吧。

观察下面的两幅图，左图本应该是右图的镜像图，但图中有几处不符合镜像的要求，请把它们圈出来。

4月是踏青、放风筝的时节。请在下图中找出有5种颜色、尾部有飘带、左右两端有穗子装饰的风筝，并把它们圈出来。

请找到下面这两幅图中不一样的地方，并在最下面的图中把不一样的地方圈出来。

请仔细观察下面的分子结构示意图，数一数下图中有多少个和圈出的分子结构一模一样的分子结构（分子结构整体可以旋转），并把它们一一圈出来。

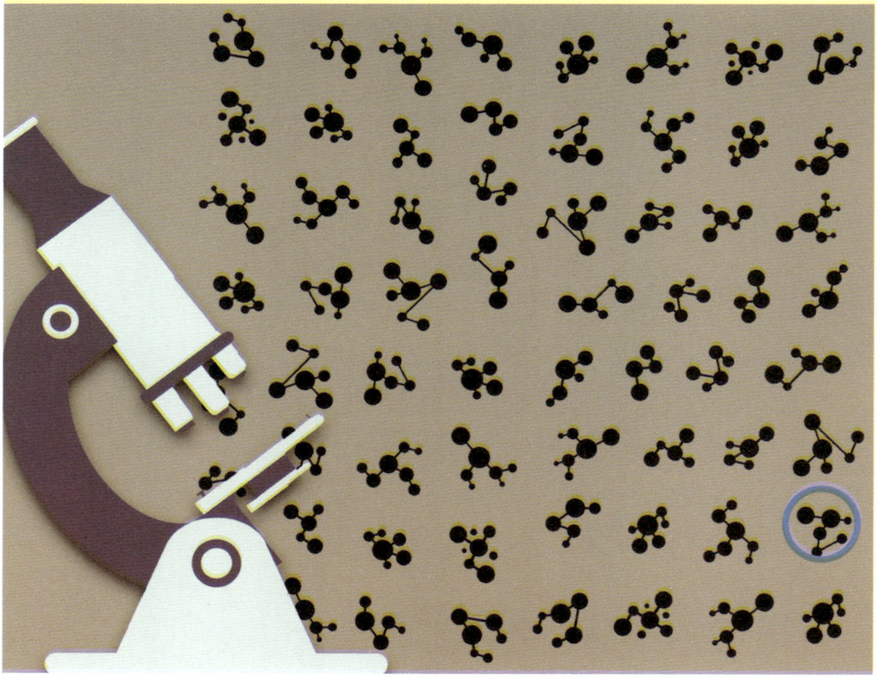

下图中的病毒是在显微镜下看到的，请仔细观察，找到数量最多的那种病毒，并把它们一一圈出来。

小虎鲸家的花圃里种了几种多肉植物，请数一数，看看其中哪一种多肉植物的数量最多，并把它们一一圈出来。

下方左边是一幅水墨画，其中有 4 部分缺失了，请在右边的碎片上标上对应的序号，将这幅画复原。

下面是一幅水墨画，其中有 4 部分缺失了，请在水墨画下面的碎片上标上对应的序号，将这幅画复原。

下方左边是一幅水墨画，其中有 10 部分缺失了，请在右边的碎片上标上相应的序号，将这幅画复原。

下方左侧是凡·高的油画作品《向日葵》系列中的一幅，里面有 8 部分缺失了，请在右边的碎片上标上序号，将这幅画复原。

岩画历史悠久，有一些岩画发现的时候已经严重受损，为了还原它们的样子，很多考古工作者付出了许多努力。你也来试试吧！请在岩画下面的 7 个碎片上标上序号，将这幅岩画复原。

下面这幅岩画中有 9 部分缺失了，请在岩画下面的碎片上标上序号，将这幅岩画复原。

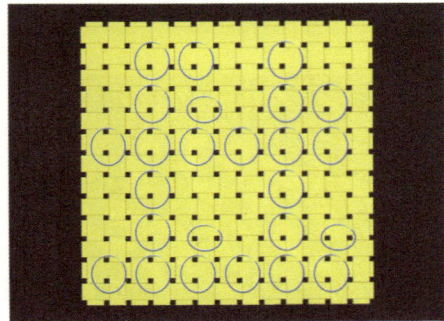

参考答案

扫一扫
看本书配套视频课

p.1

p.3

p.2

p.4

p.5

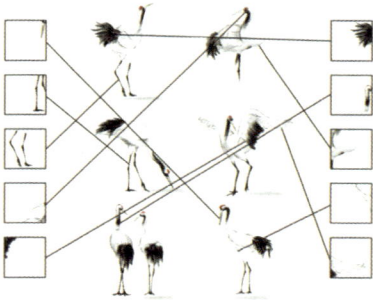

p.6

p.7

p.8

p.9

p.10

p.11

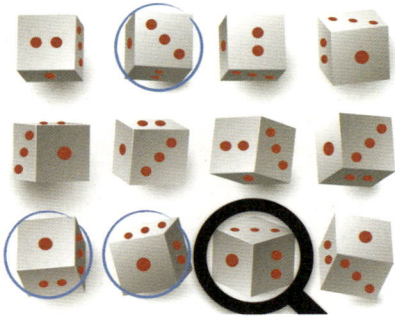

p.12

p.13

p.14

p.15

p.16

p.17

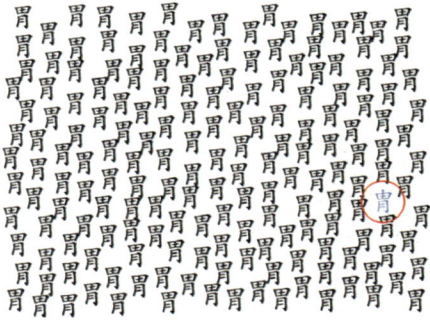

p.18

p.19

p.20

p.21

p.22

p.23

p.24

p.25

下面是一种拼法。

p.26

下面是一种拼法。

p.27

下面是一种拼法。

p.28-1

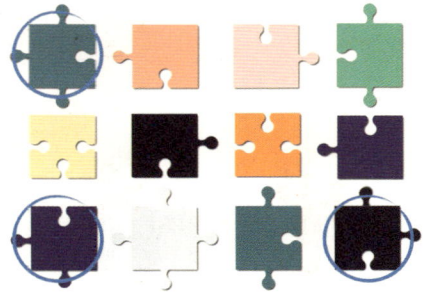

p.28-2

p.31

p.29

（1）拼图包括8种不同形状的碎片。

（2）下面是一种拼法。

①	①	①
①	②	①
①	②	①

p.32

p.30

p.33

p.34

p.37

p.35

p.38

p.36

p.39

p.40

p.41

p.42

49天培养专注力

5 听觉专注
·TINGJUE ZHUANZHU·

林思恩◎编著

青岛出版集团 | 青岛出版社

图书在版编目（CIP）数据

49天培养专注力. 5, 听觉专注 / 林思恩编著. —青岛：
青岛出版社, 2023.3

ISBN 978-7-5736-0988-5

Ⅰ.①4… Ⅱ.①林… Ⅲ.①注意－能力培养－少儿
读物 Ⅳ.①B842.3-49

中国国家版本馆CIP数据核字(2023)第026852号

书　　名　49 TIAN PEIYANG ZHUANZHULI
　　　　　49 天 培 养 专 注 力
分 册 名　听觉专注

编　　著　林思恩
出版发行　青岛出版社
社　　址　青岛市崂山区海尔路182号（266061）
本社网址　http://www.qdpub.com
邮购电话　0532-68068091
策　　划　周鸿媛　王　宁
责任编辑　王　韵
特约编辑　宋　迪　王玉格
封面设计　天下书装
照　　排　青岛乐喜力科技发展有限公司
印　　刷　青岛乐喜力科技发展有限公司
出版日期　2023年3月第1版　2023年3月第1次印刷
开　　本　16开（710mm×1000mm）
印　　张　22.5
字　　数　310千
书　　号　ISBN 978-7-5736-0988-5
定　　价　158.00元（全7册）

编校印装质量、盗版监督服务电话　4006532017　　0532-68068050
建议陈列类别：少儿益智类

请先扫描下方左侧的二维码，播放音频 01-1，注意里面讲述三条河流时的顺序，用 1，2，3 将讲述顺序记下来。然后扫描下方右侧的二维码，播放音频 01-2，这个音频里也讲到了这三条河流，但是讲述顺序不同，用 A、B、C 将讲述顺序记下来。接着，根据三条河流的全长，按照从短到长的顺序为三条河流排序，记为一、二、三。最后，将代表同一条河流的阿拉伯数字、字母和汉字用线连起来。

黄河

澜沧江

长江

音频 01-1

音频 01-2

请先扫描下方左侧的二维码，播放音频 02-1，注意里面讲述三条河流时的顺序，用 1，2，3 将讲述顺序记下来。然后扫描下方右侧的二维码，播放音频 02-2，这个音频里也讲到了这三条河流，但是讲述顺序不同，用 A、B、C 将讲述顺序记下来。最后，将代表同一条河流的阿拉伯数字和字母用线连起来。

怒江

澜沧江

金沙江

音频 02-1

音频 02-2

请先扫描下方左侧的二维码，播放音频 03-1，注意三种烟花爆竹燃放声音的播放顺序，用 1，2，3 将播放顺序记下来。然后扫描下方右侧的二维码，播放音频 03-2，这个音频里也有这三种烟花爆竹的燃放声音，但是播放顺序不同，用 A、B、C 将播放顺序记下来。最后，将代表同一种烟花爆竹燃放声音的阿拉伯数字和字母用线连起来。

音频 03-1　　　　　　音频 03-2

请先扫描下方左侧的二维码，播放音频 04-1，注意三种烟花爆竹燃放声音的播放顺序，用 1，2，3 将播放顺序记下来。然后扫描下方右侧的二维码，播放音频 04-2，这个音频里也有这三种烟花爆竹的燃放声音，但是播放顺序不同，用 A、B、C 将播放顺序记下来。最后，将代表同一种烟花爆竹燃放声音的阿拉伯数字和字母用线连起来。

音频 04-1　　　　　　音频 04-2

请先扫描下方左侧的二维码，播放音频 05-1，注意三种烟花爆竹燃放声音的播放顺序，用 1，2，3 将播放顺序记下来。然后扫描下方右侧的二维码，播放音频 05-2，这个音频里也有这三种烟花爆竹的燃放声音，但是播放顺序不同，用 A、B、C 将播放顺序记下来。最后，将代表同一种烟花爆竹燃放声音的阿拉伯数字和字母用线连起来。

音频 05-1　　音频 05-2

5

请先扫描下方左侧的二维码，播放音频 06-1，注意三个不同的动物叫声片段的播放顺序，用 1,2,3 将播放顺序记下来。然后扫描下方右侧的二维码，播放音频 06-2，这个音频里也有上述三个片段，但是播放顺序不同，用 A、B、C 将播放顺序记下来。最后，将代表同一个片段的阿拉伯数字和字母用线连起来。

音频 06-1　　　　　　　音频 06-2

请先扫描下方左侧的二维码，播放音频 07-1，注意三个不同的动物叫声片段的播放顺序，用 1，2，3 将播放顺序记下来。然后扫描下方右侧的二维码，播放音频 07-2，这个音频里也有上述三个片段，但是播放顺序不同，用 A、B、C 将播放顺序记下来。最后，将代表同一个片段的阿拉伯数字和字母用线连起来。

音频 07-1　　　　　音频 07-2

请先扫描下方左侧的二维码，播放音频 08-1，注意三个不同的动物叫声片段的播放顺序，用1，2，3将播放顺序记下来。然后扫描下方右侧的二维码，播放音频 08-2，这个音频里也有上述三个片段，但是播放顺序不同，用 A、B、C 将播放顺序记下来。最后，将代表同一个片段的阿拉伯数字和字母用线连起来。

音频 08-1　　　　音频 08-2

请先扫描下方左侧的二维码，播放音频 09-1，注意三个不同的动物叫声片段的播放顺序，用1，2，3将播放顺序记下来。然后扫描下方右侧的二维码，播放音频 09-2，这个音频里也有上述三个片段，但是播放顺序不同，用 A、B、C 将播放顺序记下来。最后，将代表同一个片段的阿拉伯数字和字母用线连起来。

音频 09-1　　　　音频 09-2

请先扫描下方左侧的二维码，播放音频 10-1，里面有三个来自不同的音乐作品的片段，用 1，2，3 将各片段播放的顺序记下来。然后扫描下方右侧的二维码，播放音频 10-2，里面也有三个片段，用 A、B、C 将各片段播放的顺序记下来。最后，将代表相同片段或相同作品不同片段的阿拉伯数字和字母用线连起来。

音频 10-1　　　　音频 10-2

　　　请先扫描下方左侧的二维码，播放音频 11-1，里面有三个来自不同的音乐作品的片段，用 1，2，3 将各片段播放的顺序记下来。然后扫描下方右侧的二维码，播放音频 11-2，里面也有三个片段，用 A、B、C 将各片段播放的顺序记下来。最后，将代表相同片段或相同作品不同片段的阿拉伯数字和字母用线连起来。

音频 11-1　　　　　音频 11-2

　　请先扫描下方左侧的二维码，播放音频 12-1，里面有三个来自不同的音乐作品的片段，用1，2，3 将各片段播放的顺序记下来。然后扫描下方右侧的二维码，播放音频 12-2，里面也有三个片段，用 A、B、C 将各片段播放的顺序记下来。最后，将代表相同片段或相同作品不同片段的阿拉伯数字和字母用线连起来。

音频 12-1　　音频 12-2

请先扫描下方左侧的二维码，播放音频 13-1，里面有三个来自不同的音乐作品的片段，用 1，2，3 将各片段播放的顺序记下来。然后扫描下方右侧的二维码，播放音频 13-2，里面也有三个片段，用 A、B、C 将各片段播放的顺序记下来。最后，将代表相同片段或相同作品不同片段的阿拉伯数字和字母用线连起来。

音频 13-1　　　　　音频 13-2

请先扫描下方左侧的二维码，播放音频 14-1，里面有三个来自不同的音乐作品的片段，用 1，2，3 将各片段播放的顺序记下来。然后扫描下方右侧的二维码，播放音频 14-2，里面也有三个片段，用 A、B、C 将各片段播放的顺序记下来。最后，将代表相同片段或相同作品不同片段的阿拉伯数字和字母用线连起来。

音频 14-1　　　　　音频 14-2

请先扫描下方左侧的二维码，播放音频 15-1，里面有三个来自不同的音乐作品的片段，用 1，2，3 将各片段播放的顺序记下来。然后扫描下方右侧的二维码，播放音频 15-2，里面也有三个片段，用 A、B、C 将各片段播放的顺序记下来。最后，将代表相同片段或相同作品不同片段的阿拉伯数字和字母用线连起来。

音频 15-1　　音频 15-2

　　请先扫描下方左侧的二维码，播放音频 16-1，里面有三个来自不同的音乐作品的片段，用 1，2，3 将各片段播放的顺序记下来。然后扫描下方右侧的二维码，播放音频 16-2，里面也有三个片段，用 A、B、C 将各片段播放的顺序记下来。最后，将代表相同片段或相同作品不同片段的阿拉伯数字和字母用线连起来。

音频 16-1　　　　　　　音频 16-2

　　请先扫描下方左侧的二维码，播放音频 17-1，里面有三个来自不同的音乐作品的片段，用 1，2，3 将各片段播放的顺序记下来。然后扫描下方右侧的二维码，播放音频 17-2，里面也有三个片段，用 A、B、C 将各片段播放的顺序记下来。最后，将代表相同片段或相同作品不同片段的阿拉伯数字和字母用线连起来。

音频 17-1   音频 17-2

17

请先扫描下方左侧的二维码，播放音频 18-1，注意里面讲述世界上的四道著名瀑布时的顺序，用 1，2，3，4 将讲述顺序记下来。然后扫描下方右侧的二维码，播放音频 18-2，这个音频里也讲到了这四道瀑布，但是讲述顺序不同，用 A、B、C、D 将讲述顺序记下来。接着，按照落差从大到小的顺序为四道瀑布排序，记为一、二、三、四。最后，将代表同一道瀑布的阿拉伯数字、字母和汉字用线连起来。

尼亚加拉瀑布

莫西奥图尼亚瀑布

伊瓜苏大瀑布

安赫尔瀑布

音频 18-1

音频 18-2

请先扫描下方左侧的二维码，播放音频 19-1，注意蝴蝶生命周期的四个阶段的讲解顺序，用 1，2，3，4 将讲解顺序记下来。然后扫描下方右侧的二维码，播放音频 19-2，这个音频里也讲到了蝴蝶生命周期的四个阶段，但是讲解顺序不同，用 A、B、C、D 将讲解顺序记下来。接着，根据蝴蝶的生长顺序，按照从后往前的顺序为四个阶段排序，记为一、二、三、四。最后，将代表同一个生长阶段的阿拉伯数字、字母和汉字用线连起来。

幼虫

成虫

蛹

卵

蝴蝶发育顺序

音频 19-1

音频 19-2

　　请先扫描下方左侧的二维码，播放音频 20-1，注意里面讲述中国三道著名瀑布时的顺序，用 1，2，3 将讲述顺序记下来。然后扫描下方右侧的二维码，播放音频 20-2，这个音频里也讲到了这三道瀑布，但是讲述顺序不同，用 A、B、C 将讲述顺序记下来。最后，将代表同一道瀑布的阿拉伯数字和字母用线连起来。

黄果树瀑布

壶口瀑布

德天瀑布

音频 20-1

音频 20-2

　　请先扫描下方左侧的二维码，播放音频 21-1，注意里面具体讲述戏曲四个主要行当时的顺序，用 1，2，3，4 将讲述顺序记下来。然后扫描下方右侧的二维码，播放音频 21-2，这个音频里也讲到了这四个主要行当，但是具体讲述顺序不同，用 A、B、C、D 将具体讲述顺序记下来。最后，将代表同一个行当的阿拉伯数字和字母用线连起来。

生　旦
净　丑

音频 21-1

音频 21-2

请先扫描下方左侧的二维码，播放音频 22-1，注意里面具体讲述相声四大基本功时的顺序，用 1，2，3，4 将讲述顺序记下来。然后扫描下方右侧的二维码，播放音频 22-2，这个音频里也讲到了这四大基本功，但是具体讲述顺序不同，用 A、B、C、D 将具体讲述顺序记下来。最后，将代表同一个基本功的阿拉伯数字和字母用线连起来。

说学逗唱

音频 22-1　　音频 22-2

请先扫描下方左侧的二维码，播放音频 23-1，注意里面讲述戏曲四大声腔时的顺序，用 1，2，3，4 将讲述顺序记下来。然后扫描下方右侧的二维码，播放音频 23-2，这个音频里也讲到了这四大声腔，但是讲述顺序不同，用 A、B、C、D 将讲述顺序记下来。最后，将代表同一个声腔的阿拉伯数字和字母用线连起来。

皮黄腔　　　　昆腔　　　　梆子腔　　　　高腔

音频 23-1

音频 23-2

请先扫描左侧上面的二维码，播放音频24-1，注意里面讲述中国古典长篇小说四大名著时的顺序，用1，2，3，4 将讲述顺序记下来。然后扫描左侧下面的二维码，播放音频24-2，这个音频里也讲到了四大名著，但是讲述顺序不同，用A、B、C、D 将讲述顺序记下来。最后，将代表同一部名著的阿拉伯数字和字母用线连起来。

音频 24-1

音频 24-2

《红楼梦》　　《西游记》

《三国演义》　　《水浒传》

请先扫描下方左侧的二维码，播放音频 25-1，注意里面讲述中国四大发明时的顺序，用 1，2，3，4 将讲述顺序记下来。然后扫描下方右侧的二维码，播放音频 25-2，这个音频里也讲到了四大发明，但是讲述顺序不同，用 A、B、C、D 将讲述顺序记下来。最后，将代表同一个发明的阿拉伯数字和字母用线连起来。

音频 25-1

音频 25-2

请先扫描下方左侧的二维码，播放音频 26-1，里面有四个与厨房有关的声音片段，用 1，2，3，4 将各片段播放的顺序记下来。然后扫描下方右侧的二维码，播放音频 26-2，里面也有这四个片段，但是播放顺序不同，用 A、B、C、D 将播放顺序记下来。最后，将代表同一个片段的阿拉伯数字和字母用线连起来。

音频 26-1　　　　　　　音频 26-2

请先扫描下方左侧的二维码，播放音频 27-1，里面有四个来自不同的音乐作品的片段，用 1，2，3，4 将各片段播放的顺序记下来。然后扫描下方右侧的二维码，播放音频 27-2，里面也有四个片段，用 A、B、C、D 将各片段播放的顺序记下来。最后，将代表相同片段或相同作品不同片段的阿拉伯数字和字母用线连起来。

音频 27-1　　音频 27-2

请先扫描下方左侧的二维码，播放音频 28-1，里面有四个来自不同的音乐作品的片段，用 1，2，3，4 将各片段播放的顺序记下来。然后扫描下方右侧的二维码，播放音频 28-2，里面也有四个片段，用 A、B、C、D 将各片段播放的顺序记下来。最后，将代表相同片段或相同作品不同片段的阿拉伯数字和字母用线连起来。

音频 28-1　　　　音频 28-2

请先扫描下方左侧的二维码，播放音频 29-1，里面有四个来自不同的音乐作品的片段，用 1，2，3，4 将各片段播放的顺序记下来。然后扫描下方右侧的二维码，播放音频 29-2，里面也有四个片段，用 A、B、C、D 将各片段播放的顺序记下来。最后，将代表相同片段或相同作品不同片段的阿拉伯数字和字母用线连起来。

音频 29-1　　　　　音频 29-2

　　请先扫描下方左侧的二维码，播放音频30-1，里面有四个来自不同的音乐作品的片段，用1，2，3，4将各片段播放的顺序记下来。然后扫描下方右侧的二维码，播放音频30-2，里面也有四个片段，用A、B、C、D将各片段播放的顺序记下来。最后，将代表相同片段或相同作品不同片段的阿拉伯数字和字母用线连起来。

音频30-1　　　　　　音频30-2

请先扫描下方左侧的二维码，播放音频 31-1，里面有四个来自不同的音乐作品的片段，用 1，2，3，4 将各片段播放的顺序记下来。然后扫描下方右侧的二维码，播放音频 31-2，里面也有四个片段，用 A、B、C、D 将各片段播放的顺序记下来。最后，将代表相同片段或相同作品不同片段的阿拉伯数字和字母用线连起来。

音频 31-1　　　音频 31-2

请先扫描下方左侧的二维码，播放音频 32-1，里面有四个来自不同的音乐作品的片段，用1，2，3，4 将各片段播放的顺序记下来。然后扫描下方右侧的二维码，播放音频 32-2，里面也有四个片段，用 A、B、C、D 将各片段播放的顺序记下来。最后，将代表相同片段或相同作品不同片段的阿拉伯数字和字母用线连起来。

音频 32-1　　音频 32-2

　　请先扫描下方左侧的二维码，播放音频 33-1，里面有四个来自不同的音乐作品的片段，用 1，2，3，4 将各片段播放的顺序记下来。然后扫描下方右侧的二维码，播放音频 33-2，里面也有四个片段，用 A、B、C、D 将各片段播放的顺序记下来。最后，将代表相同片段或相同作品不同片段的阿拉伯数字和字母用线连起来。

音频 33-1　　　　　　　音频 33-2

　　请先扫描下方左侧的二维码，播放音频 34-1，里面有四个来自不同的音乐作品的片段，用 1，2，3，4 将各片段播放的顺序记下来。然后扫描下方右侧的二维码，播放音频 34-2，里面也有四个片段，用 A、B、C、D 将各片段播放的顺序记下来。最后，将代表相同片段或相同作品不同片段的阿拉伯数字和字母用线连起来。

音频 34-1　　　　音频 34-2

　　请先扫描下方左侧的二维码，播放音频 35-1，里面有四个来自不同的音乐作品的片段，用 1，2，3，4 将各片段播放的顺序记下来。然后扫描下方右侧的二维码，播放音频 35-2，里面也有四个片段，用 A、B、C、D 将各片段播放的顺序记下来。最后，将代表相同片段或相同作品不同片段的阿拉伯数字和字母用线连起来。

音频 35-1　　　　　音频 35-2

请先扫描下方左侧的二维码，播放音频 36-1，里面有四个来自不同的音乐作品的片段，用 1，2，3，4 将各片段播放的顺序记下来。然后扫描下方右侧的二维码，播放音频 36-2，里面也有四个片段，用 A、B、C、D 将各片段播放的顺序记下来。最后，将代表相同片段或相同作品不同片段的阿拉伯数字和字母用线连起来。

音频 36-1　　　　音频 36-2

　　请先扫描下方左侧的二维码，播放音频 37-1，注意里面讲述世界上的五个海沟时的顺序，用 1，2，3，4，5 将讲述顺序记下来。然后扫描下方右侧的二维码，播放音频 37-2，这个音频里也讲到了这五个海沟，但是讲述顺序不同，用 A、B、C、D、E 将讲述顺序记下来。接着，根据五个海沟最深点的深度，按照从深到浅的顺序为五个海沟排序，记为一、二、三、四、五。最后，将代表同一个海沟的阿拉伯数字、字母和汉字用线连起来。（千岛海沟也叫千岛—堪察加海沟）

音频 37-1　　　　　　音频 37-2

请先扫描下方左侧的二维码，播放音频 38-1，里面有五个来自不同的音乐作品的片段，用 1，2，3，4，5 将各片段播放的顺序记下来。然后扫描下方右侧的二维码，播放音频 38-2，里面也有五个片段，用 A、B、C、D、E 将各片段播放的顺序记下来。最后，将代表相同片段或相同作品不同片段的阿拉伯数字和字母用线连起来。

音频 38-1　　　　　　　音频 38-2

请先扫描下方左侧的二维码，播放音频 39-1，里面有五个来自不同的音乐作品的片段，用 1，2，3，4，5 将各片段播放的顺序记下来。然后扫描下方右侧的二维码，播放音频 39-2，里面也有五个片段，用 A、B、C、D、E 将各片段播放的顺序记下来。最后，将代表相同片段或相同作品不同片段的阿拉伯数字和字母用线连起来。

音频 39-1　　　　　音频 39-2

请先扫描下方左侧的二维码，播放音频 40-1，注意不同动物叫声的出现顺序，用 1，2，3，4，5，6 将出现顺序记下来。然后扫描下方右侧的二维码，播放音频 40-2，注意不同动物叫声的出现顺序，用 A、B、C、D、E、F 将出现顺序记下来。接着，根据动物在十二生肖中的顺序，按照从前到后的顺序为六种动物排序，记为一、二、三、四、五、六。最后，将代表同一种动物的阿拉伯数字、字母和汉字用线连起来。

音频 40-1　　　　音频 40-2

　　请先扫描右侧上面的二维码，播放音频 41-1，注意里面讲述世界上的五座著名山脉时的顺序，用 1，2，3，4，5 将讲述顺序记下来。然后扫描右侧下面的二维码，播放音频 41-2，这个音频里也讲到了这五座山脉，但是讲述顺序不同，用 A、B、C、D、E 将讲述顺序记下来。接着，根据山脉的长度，按照从长到短的顺序为五座山脉排序，记为一、二、三、四、五。最后，将代表同一座山脉的阿拉伯数字、字母和汉字用线连起来。

喜马拉雅山脉

昆仑山脉

阿尔卑斯山脉

落基山脉

安第斯山脉

音频 41-1

音频 41-2

请先扫描下方左侧的二维码，播放音频 42-1，注意里面讲述七大洲时的顺序，用 1，2，3，4，5，6，7 将讲述顺序记下来。然后扫描下方右侧的二维码，播放音频 42-2，这个音频也是讲七大洲的，但是顺序不同，用 A、B、C、D、E、F、G 将讲述顺序记下来。接着，根据七大洲面积的大小，按照从大到小的顺序为七大洲排序，记为一、二、三、四、五、六、七。最后，将代表同一个大洲的阿拉伯数字、字母和汉字用线连起来。

音频 42-1   音频 42-2

参考答案

扫一扫
看本书配套视频课

p.1

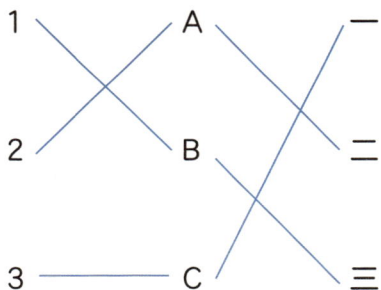

p.3

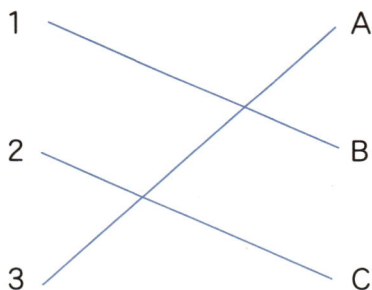

p.2

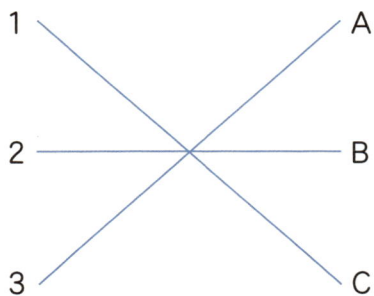

p.4

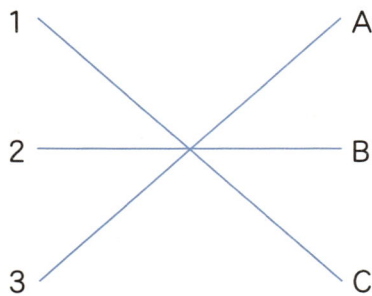

p.5

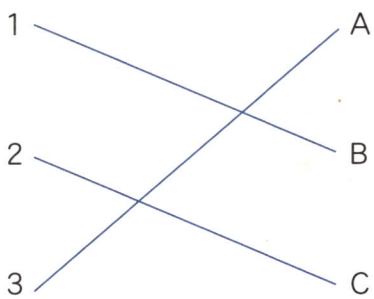

p.8

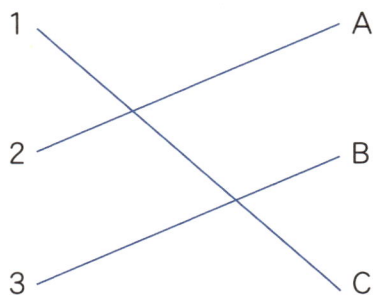

p.6

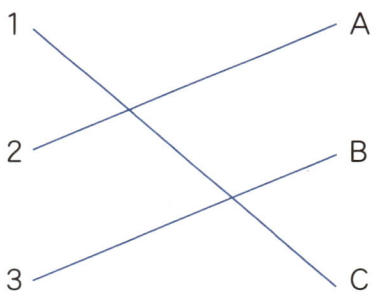

p.9

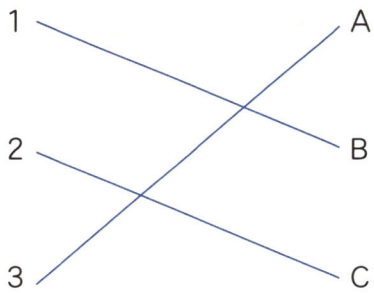

p.7

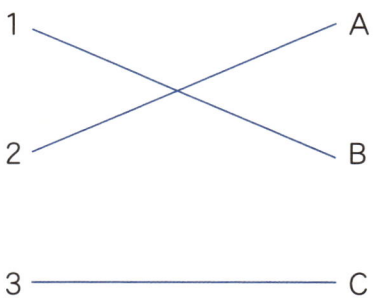

p.10

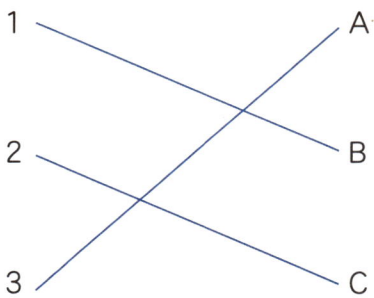

p.11

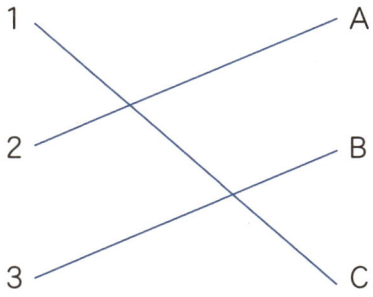

p.14

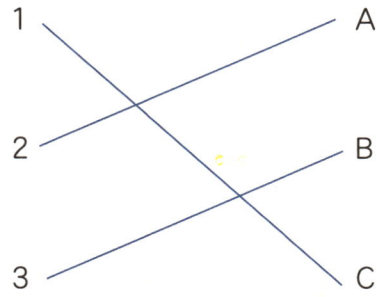

p.12

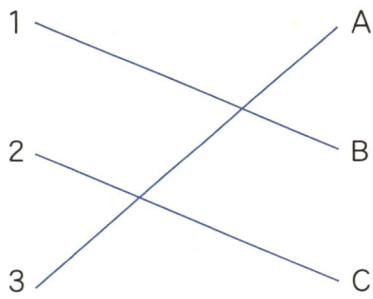

p.15

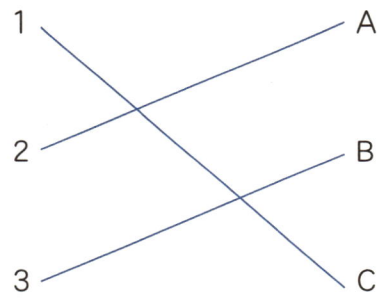

p.13

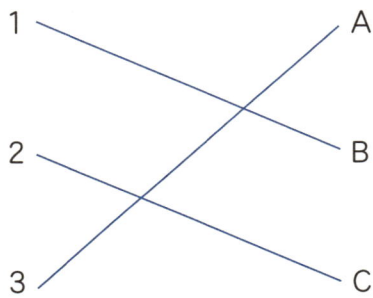

p.16

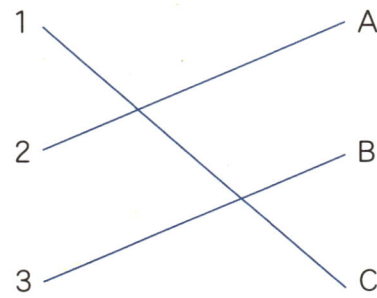

p.17

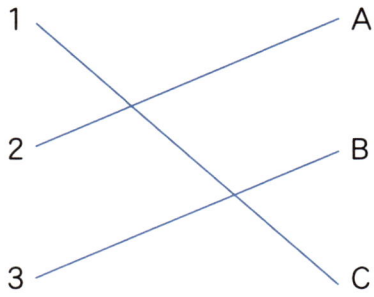

p.20

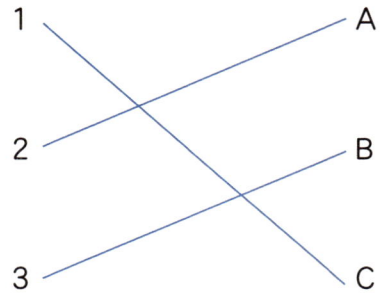

p.18

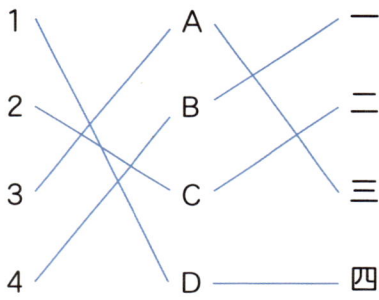

p.21

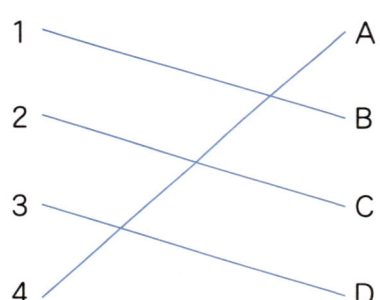

p.19

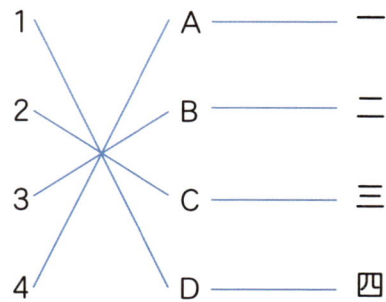

p.22

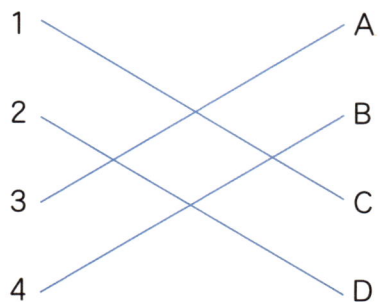

p.23

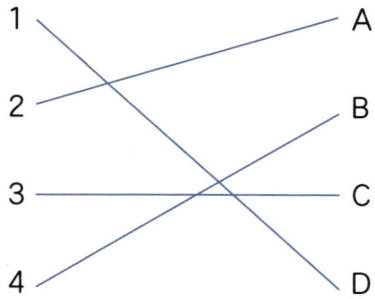

p.26

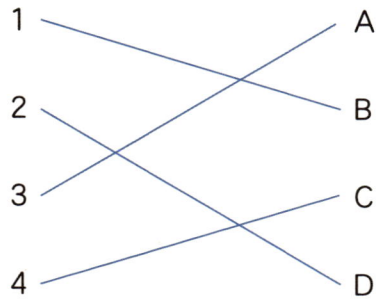

p.24

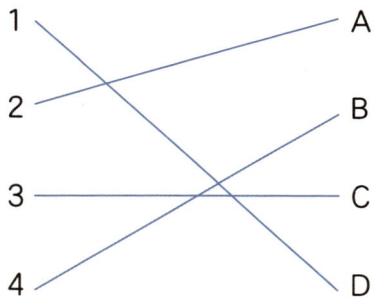

p.27

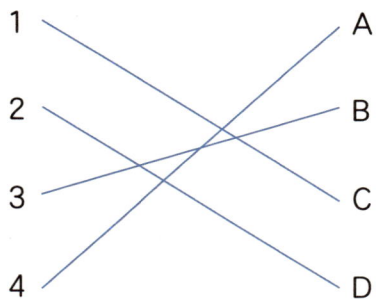

p.25

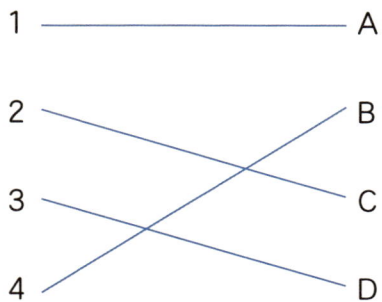

p.28

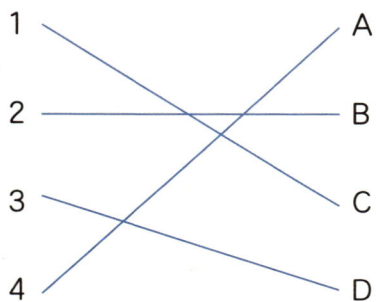

p.29

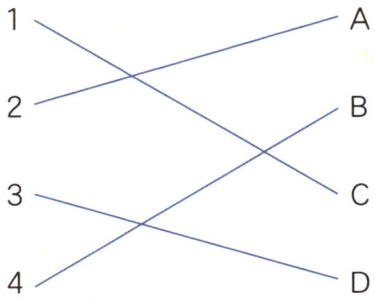

p.32

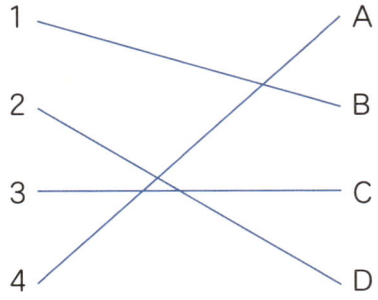

p.30

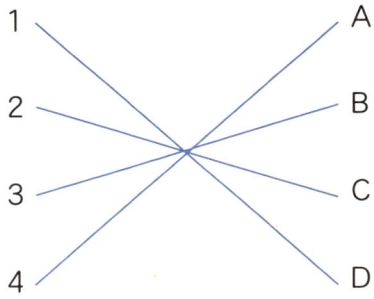

p.33

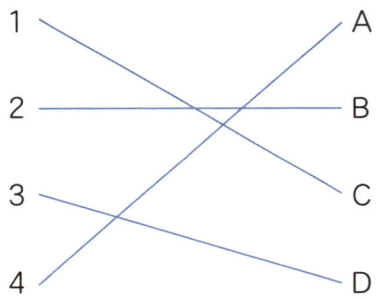

p.31

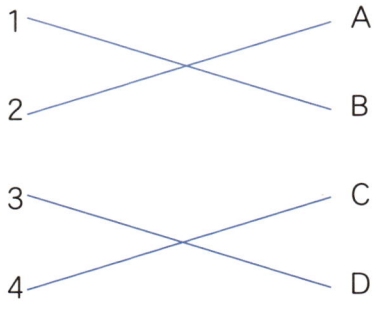

p.34

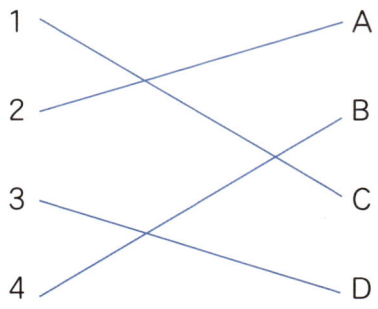

p.35

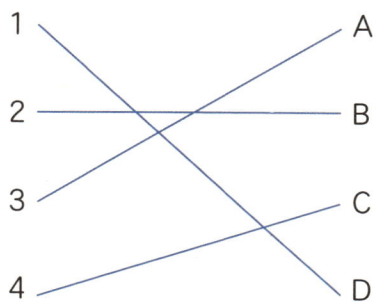

p.38

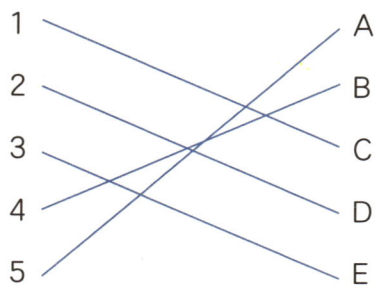

p.36

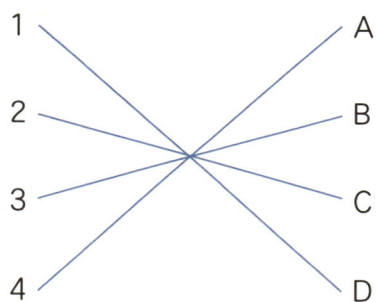

p.39

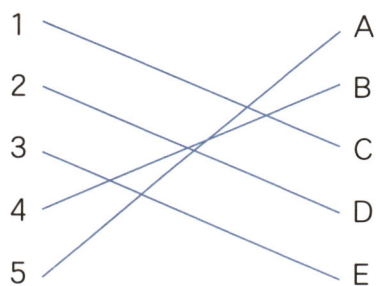

p.37

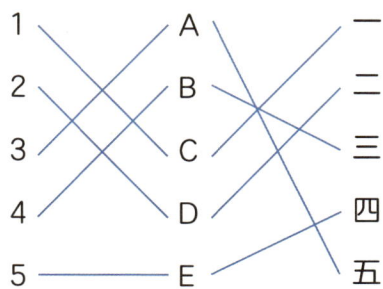

p.40

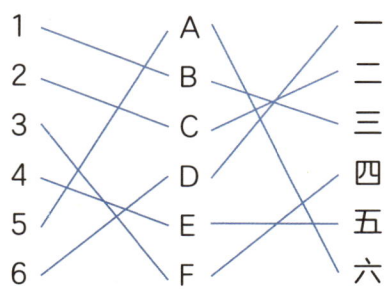

p.41

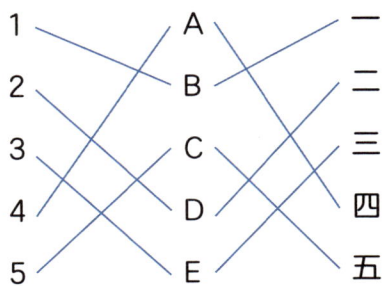

p.42

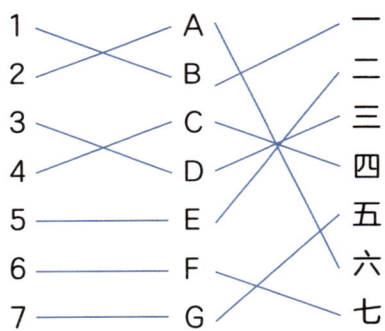

49天培养专注力

6 视听整合
·SHITING ZHENGHE·

林思恩◎编著

青岛出版集团 | 青岛出版社

图书在版编目（CIP）数据

　　49天培养专注力. 6, 视听整合 / 林思恩编著. — 青岛：
青岛出版社, 2023.3
　　ISBN 978-7-5736-0988-5

　　Ⅰ.①4… Ⅱ.①林… Ⅲ.①注意 – 能力培养 – 少儿
读物 Ⅳ.①B842.3-49

　　中国国家版本馆CIP数据核字(2023)第026856号

49 TIAN PEIYANG ZHUANZHULI

书　　　名	**49 天 养 专 注 力**
分 册 名	视听整合
编　　著	林思恩
出版发行	青岛出版社
社　　址	青岛市崂山区海尔路182号（266061）
本社网址	http://www.qdpub.com
邮购电话	0532-68068091
策　　划	周鸿媛　王　宁
责任编辑	王　韵
特约编辑	宋　迪　王玉格
封面设计	天下书装
照　　排	青岛乐喜力科技发展有限公司
印　　刷	青岛乐喜力科技发展有限公司
出版日期	2023年3月第1版　2023年3月第1次印刷
开　　本	16开（710mm×1000mm）
印　　张	22.5
字　　数	310千
书　　号	ISBN 978-7-5736-0988-5
定　　价	158.00元（全7册）

编校印装质量、盗版监督服务电话　4006532017　　0532-68068050

建议陈列类别：少儿益智类

请先扫描下方左侧的三个二维码，记住音频中播放的羊、青蛙和蝉的叫声。然后扫描下方右侧的二维码，播放音频 01，听叫声，用不同颜色的笔在图中圈出对应的动物。

羊

青蛙

蝉

音频 01

请先扫描下方左侧的三个二维码，播放"打篮球""晨跑"和"骑行"时的声音，并记住它们对应的上衣图标（如图例所示）。然后扫描下方右侧的二维码，播放音频02，听声音，在图中圈出对应的上衣图标。

图例：

打篮球　　　晨跑　　　骑行

打篮球　　晨跑　　骑行　　　　　　音频02

请先扫描下方的二维码，播放音频03，听一听水流、篝火燃烧、烹饪、翻书的声音，辨别出每种声音对应的是什么，按声音播放顺序在对应的图片上标上序号。

音频03

请先扫描下方的二维码，播放音频04，听一听打羽毛球、打台球、篮球落地、拍排球时的声音，辨别出每种声音对应的是哪种运动，按声音播放顺序在对应的图片上标上序号。

音频04

请先扫描下方左侧的三个二维码，记住"敲击金属""砍木头"和"石块相互碰撞"时的声音，并记住每种材料对应的图标（如图例所示）。然后扫描下方右侧的二维码，播放音频05，根据音频中三种声音出现的顺序，从图片的左上角开始，按照从左到右、从上到下的顺序圈出对应的图标。注意图中的干扰项哟。

图例：

金属　　木头　　石块

敲击金属

砍木头

石块相互碰撞

音频05

请先扫描下方左侧的四个二维码，记住音频中对"辣的食材""甜的食材""不属于滋补品的蔬菜"和"滋补品"的介绍。然后扫描下方右侧的二维码，根据音频 06 的要求完成本题。

图例：

辣的食材　　甜的食材　　不属于滋补品的蔬菜　　滋补品

辣的食材　　甜的食材　　不属于滋补品　　滋补品　　　　　音频 06
　　　　　　　　　　　　的蔬菜

请先扫描下方左侧的三个二维码，播放模拟的火箭、彗星和飞行器飞行时的音效，并记住每种东西对应的图标（如图例所示）。然后扫描下方右侧的二维码，播放音频07，听音效，用不同颜色的笔在图中圈出对应的图标。

图例：

火箭   彗星   飞行器

火箭   彗星   飞行器   音频 07

　　请先扫描下方左侧的三个二维码，听三段与急救中心、综合医院、医学研究中心有关的直升机空中交通管制的音频，并记住每个医疗机构对应的图标（H 代表直升机停机坪）。然后扫描下方右侧的二维码，听音频 08，按上述三段音频的播放顺序在对应的图标的停机坪上标上序号。

图例：

急救中心　　综合医院　　医学研究中心

急救中心　　综合医院　　医学研究中心

音频 08

请先扫描下方左侧的三个二维码，播放弹奏电吉他、吉他和小提琴时的声音，并记住每种乐器对应的图标（如图例所示）。然后扫描下方右侧的二维码，播放音频 09，听声音，用不同颜色的笔在图中圈出对应的图标。

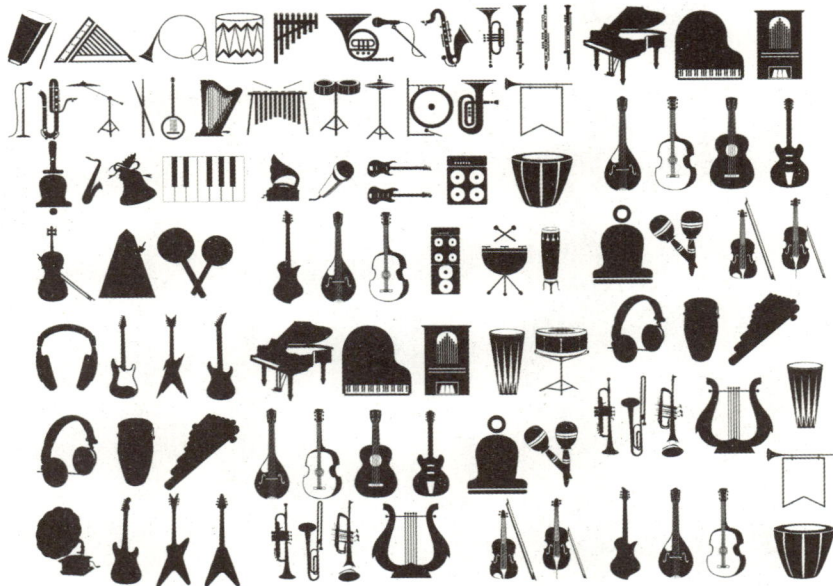

图例：

电吉他　　　吉他　　　小提琴

 电吉他　 吉他　 小提琴　　　　 音频 09

请先扫描下方左侧的三个二维码，播放弹奏手风琴、吉他、小提琴时的声音，并记住每种乐器对应的图标（如图例所示）。然后扫描下方右侧的二维码，播放音频 10，听声音，用不同颜色的笔在图中圈出对应的图标。

图例：

手风琴 吉他 小提琴

手风琴 吉他 小提琴 音频 10

请先扫描下方左侧的三个二维码，播放弹奏电吉他、手风琴和木琴时的声音，并记住每种乐器对应的图标（如图例所示）。然后扫描下方右侧的二维码，播放音频11，听声音，用不同颜色的笔在图中圈出对应的图标。

图例：

电吉他　　　　　手风琴　　　　木琴

电吉他

手风琴

木琴

音频11

　　请先扫描下方左侧的四个二维码，播放演奏小提琴、吉他、古筝和笛子时的声音，并记住每种乐器对应的图标。然后扫描下方右侧的二维码，播放音频 12，听声音，在图中圈出对应的图标。

图例：

小提琴　　吉他　　古筝　　笛子

小提琴

吉他

古筝

笛子

音频 12

请先扫描下方左侧的两个二维码，播放关于"凉"和"热"的介绍音频。然后扫描下方右侧的二维码，根据音频13的要求完成本题。

凉

热

音频13

下面是四幅雷达显示屏示意图和三架飞机对应的图标，目前各架飞机的航向如图1所示。请扫描下方二维码，播放音频14，仔细聆听三架飞机得到的空管指令，根据指令中对飞机转向的描述，按时间先后顺序，为其余三幅示意图排序。

图例：

MW966　　CC3776　　WM9136

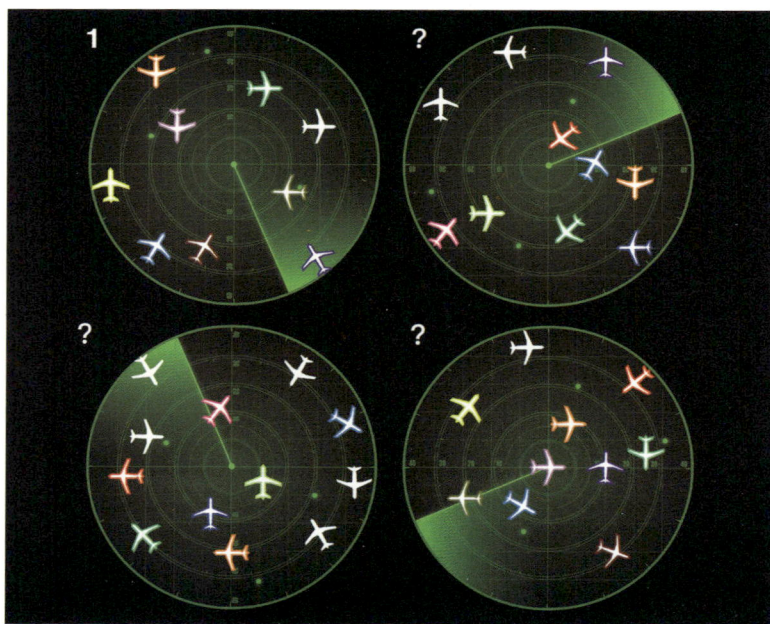

音频14

请先观察下面的漫画，然后扫描图片下方的二维码，收听一则关于牙齿的小故事，最后在漫画中圈出和故事内容最相符的那行来。

音频 15

请扫描下方的二维码，播放音频 16，听一听对三个建筑物的介绍，根据介绍尽可能快和准确地在图中圈出对应的建筑物，并用箭头表示出介绍顺序（箭头从第一个介绍的指向第二个，然后从第二个指向第三个）。

音频 16

请先扫描下方左侧的三个二维码，播放人在"惊讶""失望"和"生气"时发出的声音，并记住各种情绪对应的图标（如图例所示）。然后扫描下方右侧的二维码，播放音频17，听声音，在图中圈出对应的图标。

图例：

惊讶   失望   生气

惊讶   失望   生气   音频17

请先扫描下方左侧的三个二维码，播放"魔术帽""魔法棒"和"神灯"对应的音效，并记住它们对应的图标（如图例所示）。然后扫描下方右侧的二维码，播放音频 18，根据音频中三种音效出现的顺序，从图片的左上角开始，按照从左到右、从上到下的顺序圈出对应的图标。注意图中的干扰项哟。

图例：

魔术帽　　魔法棒　　神灯

魔术帽　　魔法棒　　神灯　　　　　　　音频 18

请先扫描下方左侧的三个二维码，播放"正确提示音""警告提示音"和"错误提示音"，并记住它们对应的图标（如图例所示）。然后扫描下方右侧的二维码，播放音频19，听提示音，在图中圈出对应的图标。

图例：

正确提示音　　　警告提示音　　　错误提示音

正确提示音　　警告提示音　　错误提示音

音频19

　　请先扫描下方左侧的四个二维码，播放四种车开动时的声音，并记住它们对应的图标（如图例所示）。然后扫描下方右侧的二维码，播放音频 20，根据四种声音出现的顺序，从图片的左上角开始，按照从左到右、从上到下的顺序圈出对应的图标。注意图中的干扰项哟。

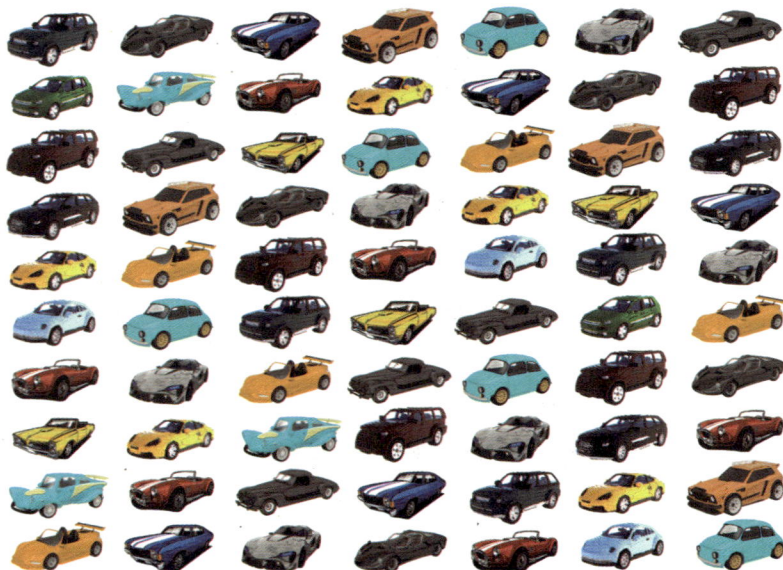

请先扫描下方左侧的二维码，播放音频 21-1，注意里面播放的 15 种声音和各种交通工具的图标的对应关系（第一种声音对应①，以此类推）。然后扫描下方右侧的二维码，播放音频 21-2，听声音，在图中圈出对应的图标，并用箭头表示出这个音频中声音的播放顺序（箭头从第一个指向第二个，再从第二个指向第三个，以此类推）。

音频 21-1

音频 21-2

请先扫描下方左侧的三个二维码，播放直升机、喷气式飞机和螺旋桨飞机飞行时的音效，并记住它们对应的图标（如图例所示）。然后扫描下方右侧的二维码，播放音频22，根据三种音效出现的顺序，从图片的左上角开始，按照从左到右、从上到下的顺序圈出对应的图标。注意图中的干扰项哟。

图例：

直升机　　　喷气式飞机　　　螺旋桨飞机

直升机

喷气式飞机

螺旋桨飞机

音频22

请先扫描下方左侧的四个二维码，播放四种飞机飞行时的音效，并记住它们对应的图标（如图例所示）。然后扫描下方右侧的二维码，播放音频 23，根据四种音效出现的顺序，从图片的左上角开始，按照从左到右、从上到下的顺序圈出对应的图标。注意图中的干扰项哟。

图例：

轰炸机　　民用直升机　　军用直升机　　螺旋桨飞机

轰炸机

民用直升机

军用直升机

螺旋桨飞机

音频 23

请先扫描下方左侧的五个二维码，播放五艘船只航行时的音效，并记住它们对应的图标（如图例所示）。然后扫描下方右侧的二维码，播放音频24，根据五种音效出现的顺序，从图片的左上角开始，按照从左到右、从上到下的顺序圈出对应的图标。注意图中的干扰项哟。

图例：

帆船　　军舰　　快艇　　轮船　　货轮

| 帆船 | 军舰 | 快艇 | 轮船 | 货轮 | | 音频 24 |

请先扫描下方左侧的四个二维码，播放四艘船只航行时的音效，并记住它们对应的图标（如图例所示）。然后扫描下方右侧的二维码，播放音频 25，根据四种音效出现的顺序，从图片的左上角开始，按照从左到右、从上到下的顺序圈出对应的图标。注意图中的干扰项哟。

图例：

潜艇   货轮   快艇   帆船

潜艇   货轮   快艇   帆船   音频 25

请扫描下方的二维码，听一段关于以下五个建筑物的介绍音频，辨别出每段介绍对应的是哪个建筑物，按介绍顺序在相应的图片上标上序号。

音频 26

请扫描下方的二维码，听一听大型瀑布、大型河流、溪流和大型喷泉的流水声，辨别出每种声音对应的是什么，按播放顺序在相应的图片上标上序号。

音频 27

请扫描下方的二维码，听一听鞭炮、手持烟花、窜天猴和五彩烟花燃放时的声音，辨别出每种声音对应的是哪种烟花爆竹，按播放顺序在相应的图片上标上序号。

音频 28

请扫描下方的二维码，听一听蟋蟀、蝈蝈儿、苍蝇、知了、蜜蜂、蚊子的叫声，辨别出每种叫声对应的是哪种昆虫，按播放顺序在相应的图片上标上序号。

音频 29

请扫描下方的二维码，听一听青蛙、响尾蛇、牛蛙、娃娃鱼的叫声，辨别出每种叫声对应的是哪种动物，按播放顺序在相应的图片上标上序号。

音频30

请扫描下方的二维码，听一听射钉枪、电动螺丝、电焊、电锯锯木、电钻钻木、切割钢材、手动锯木头、手动刨木头这八种不同的音效，辨别出每种音效对应的是什么，按播放顺序在相应的图片上标上序号。

音频 31

请扫描下方的二维码，听一听鸽子扇翅膀的声音以及喜鹊、大杜鹃（又名布谷鸟）、乌鸫（dōng）的叫声，辨别出每种声音对应的是哪种鸟，按播放顺序在相应的图片上标上序号。

音频 32

请先扫描下方左侧的三个二维码，播放三种消防设施对应的音效，并记住它们对应的图标（如图例所示）。然后扫描下方右侧的二维码，播放音频33，根据三种音效出现的顺序，从图片的左上角开始，按照从左到右、从上到下的顺序圈出对应的图标。注意图中的干扰项哟。

图例：

消防泵　　消防喇叭　　消防车

消防泵

消防喇叭

消防车

音频33

请先扫描下方左侧的四个二维码，播放四种帽子对应的音效，并记住它们对应的图标（如图例所示）。然后扫描下方右侧的二维码，播放音频34，根据四种音效出现的顺序，从图片的左上角开始，按照从左到右、从上到下的顺序圈出对应的图标。注意图中的干扰项哟。

图例：　　厨师帽　牛仔帽　魔法帽　绒球帽

厨师帽　　牛仔帽　　魔法帽　　绒球帽　　　　　音频34

　　请先扫描下方左侧的三个二维码，播放三种运动对应的音效，并记住它们对应的图标（如图例所示）。然后扫描下方右侧的二维码，播放音频 35，根据三种音效出现的顺序，从图片的左上角开始，按照从左到右、从上到下的顺序圈出对应的图标。注意图中的干扰项哟。

图例：

海上拖拽伞　　　　花式极限摩托　　　　攀岩

海上拖拽伞

花式极限摩托

攀岩

音频 35

请先扫描下方左侧的三个二维码，播放三种场景对应的音效，并记住它们对应的图标（如图例所示）。然后扫描下方右侧的二维码，播放音频 36，根据音效出现的顺序，从图片的左上角开始，按照从左到右、从上到下的顺序圈出对应的图标。注意图中的干扰项哟。

图例：

场景一　　　　场景二　　　　场景三

场景一　　场景二　　场景三

音频 36

请先扫描下方左侧的三个二维码，播放三种交通工具对应的音效，并记住它们对应的图标（如图例所示）。然后扫描下方右侧的二维码，播放音频 37，根据音效出现的顺序，从图片的左上角开始，按照从左到右、从上到下的顺序圈出对应的图标，并用红色笔圈出没有戴头盔的那个人。注意图中的干扰项哟。

图例：

摩托车　　　　　　　自行车　　　电动车

　　电动车　　　　　

摩托车　自行车　电动车　　　　音频 37

请先扫描下方左侧的三个二维码，依次播放三种不同磨损程度的轮胎发出的刹车声音，并记住每种轮胎对应的刹车痕迹（如图例所示）。然后扫描下方右侧的二维码，播放音频，根据刹车声音出现的顺序，从图片的左上角开始，按照从左到右、从上到下的顺序圈出对应的刹车痕迹。注意图中的干扰项哟。

图例：

轮胎一　　　　轮胎二　　　　轮胎三

轮胎一　　轮胎二　　轮胎三　　　音频 38

请先观察图例部分的交通标志并记住它们的名称，然后扫描下方的二维码，播放音频39，根据交通标志名称播放的顺序，从图片的左上角开始，按照从左到右、从上到下的顺序圈出相应的交通标志。注意图中的干扰项哟。

图例：

反向弯路　　连续弯路　　两侧变窄　　窄桥

音频39

请先观察图例部分的交通标志并记住它们的名称，然后扫描下方的二维码，播放音频40，根据交通标志名称播放的顺序，从图片的左上角开始，按照从左到右、从上到下的顺序圈出相应的交通标志。注意图中的干扰项哟。

图例：

直行　　　向左转弯　　　直行和向左转弯　　　立交直行和左转弯行驶

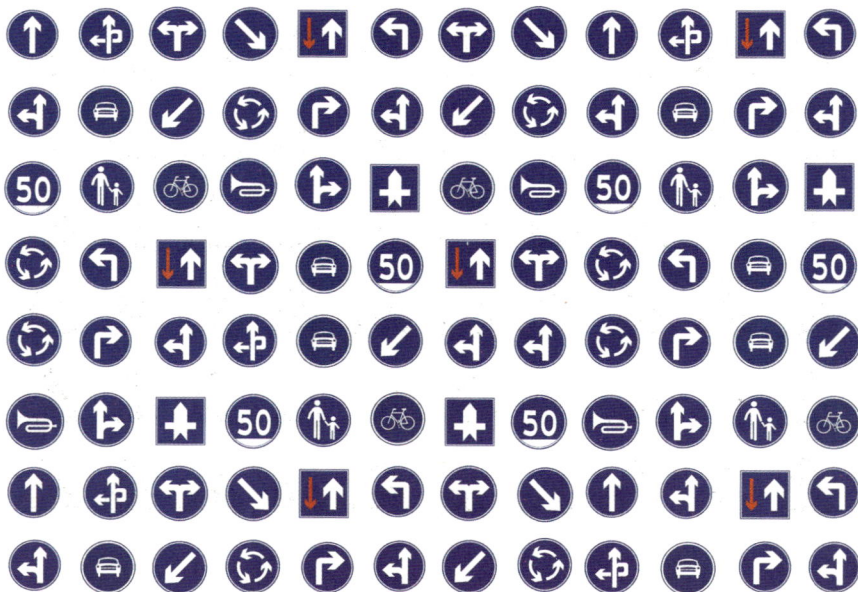

　　请先扫描下方左侧的三个二维码，播放三把钥匙开门的音效，并记住三把钥匙对应的图标（如图例所示）。然后扫描下方右侧的二维码，播放音频 41，根据三种音效出现的顺序，从图片的左上角开始，按照从左到右、从上到下的顺序圈出对应的图标。注意图中的干扰项哟。

图例：

钥匙 1　　　钥匙 2　　　钥匙 3

钥匙 1　钥匙 2　钥匙 3　　　　　音频 41

请先扫描下方左侧的三个二维码，播放举重、打篮球、跳绳时的声音，并记住它们对应的图标（如图例所示）。然后扫描下方右侧的二维码，播放音频 42，根据三种声音播放的顺序，从图片的左上角开始，按照从左到右、从上到下的顺序圈出对应的图标。注意图中的干扰项哟。

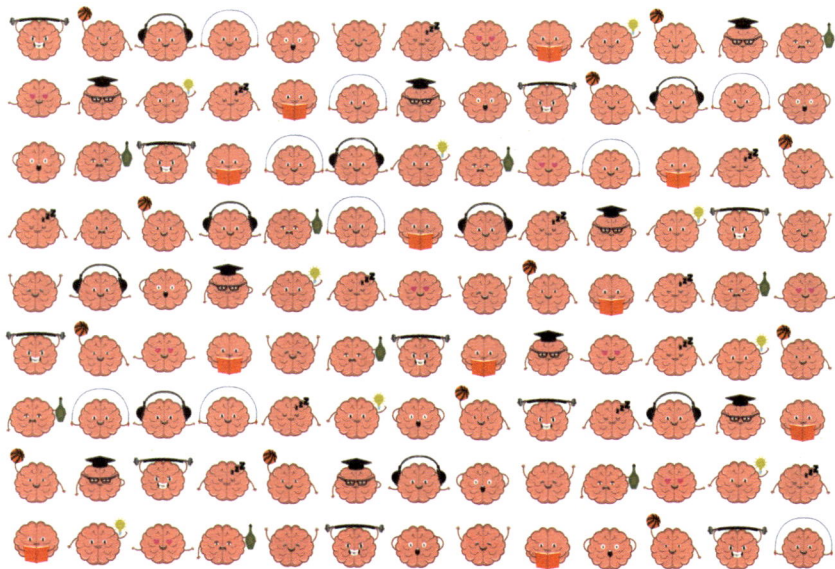

图例：

举重　　　　打篮球　　　　跳绳

举重　　　打篮球　　　跳绳　　　　　　　音频 42

扫一扫
看本书配套视频课

p.1

p.2

p.3

p.4

p.5

p.8

p.6

p.9

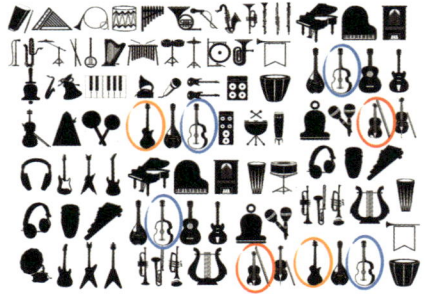

p.7

p.10

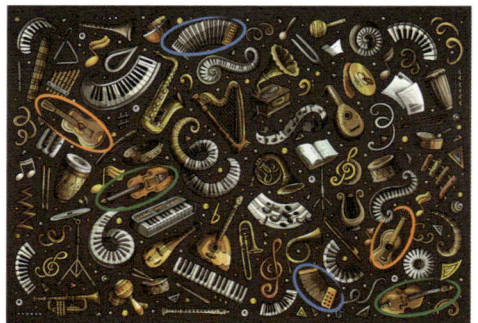

p.11

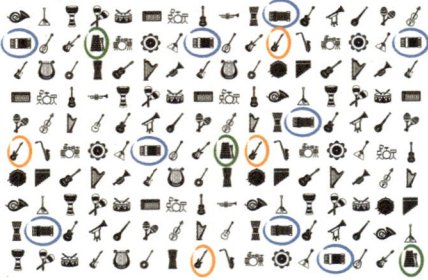

p.14

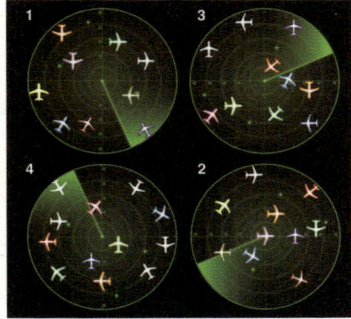

p.12

p.15

p.13

p.16

p.17

p.18

p.19

p.20

p.21

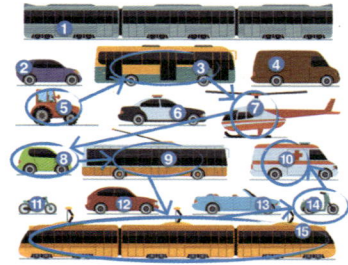

p.22

p.23

p.24

p.25

p.26

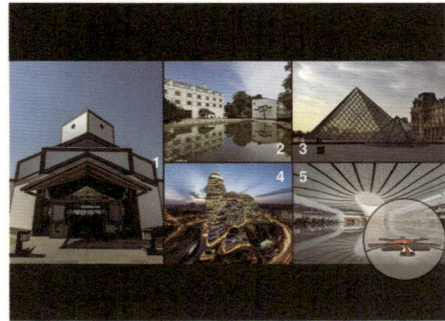

p.27

p.28

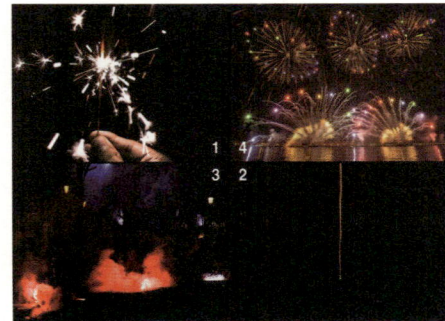

p.29

p.30

p.31

p.32

p.33

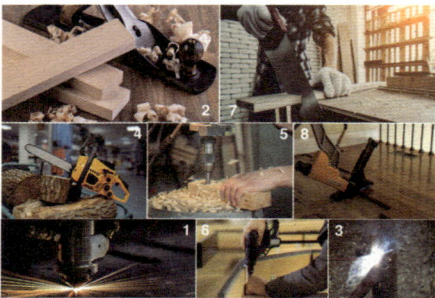

p.34

p.35

p.36

p.37

p.38

p.39

p.40

p.41

p.42

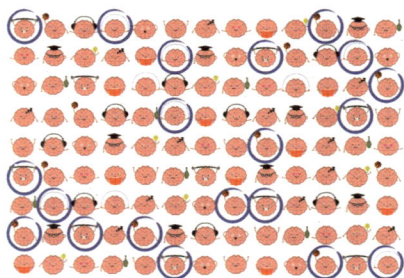

49天培养专注力

7 主动投入
·ZHUDONG TOURU·

林思恩◎编著

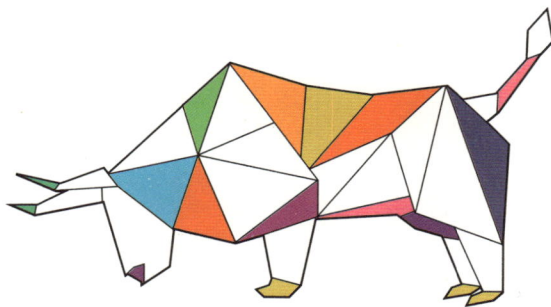

青岛出版集团 | 青岛出版社

图书在版编目（CIP）数据

　49天培养专注力. 7, 主动投入 / 林思恩编著. — 青岛：
青岛出版社, 2023.3
　ISBN 978-7-5736-0988-5

　Ⅰ. ①4… Ⅱ. ①林… Ⅲ. ①注意 – 能力培养 – 少儿
读物 Ⅳ. ①B842.3-49

　中国国家版本馆CIP数据核字(2023)第026857号

书　　　名　**49 天 培 养 专 注 力**
　　　　　　49 TIAN PEIYANG ZHUANZHULI
分 册 名　　**主动投入**

编　　著　林思恩
出版发行　青岛出版社
社　　址　青岛市崂山区海尔路182号（266061）
本社网址　http://www.qdpub.com
邮购电话　0532-68068091
策　　划　周鸿媛　王　宁
责任编辑　王　韵
特约编辑　宋　迪　王玉格
封面设计　天下书装
照　　排　青岛乐喜力科技发展有限公司
印　　刷　青岛乐喜力科技发展有限公司
出版日期　2023年3月第1版　2023年3月第1次印刷
开　　本　16开（710mm×1000mm）
印　　张　22.5
字　　数　310千
书　　号　ISBN 978-7-5736-0988-5
定　　价　158.00元（全7册）

编校印装质量、盗版监督服务电话　4006532017　0532-68068050
建议陈列类别：少儿益智类

请指出下面右边的这些碎片分别属于左边的哪一幅图。注意，有一些碎片可能经过了旋转。

在下面这个数字迷阵里隐藏着两个动物的图案。先找到数字迷阵里个头最小的数字 0 和 1，并分别从 0 和 1 开始连线，一边是偶数相连，一边是奇数相连。注意，形成闭合的图形才能让小动物们现身哟。

观察下图，从 5 出发，找出一条能顺利走到 25 的路线，记得每走一步，数都要比上一步的大 1。只能沿水平方向或竖直方向走哟。

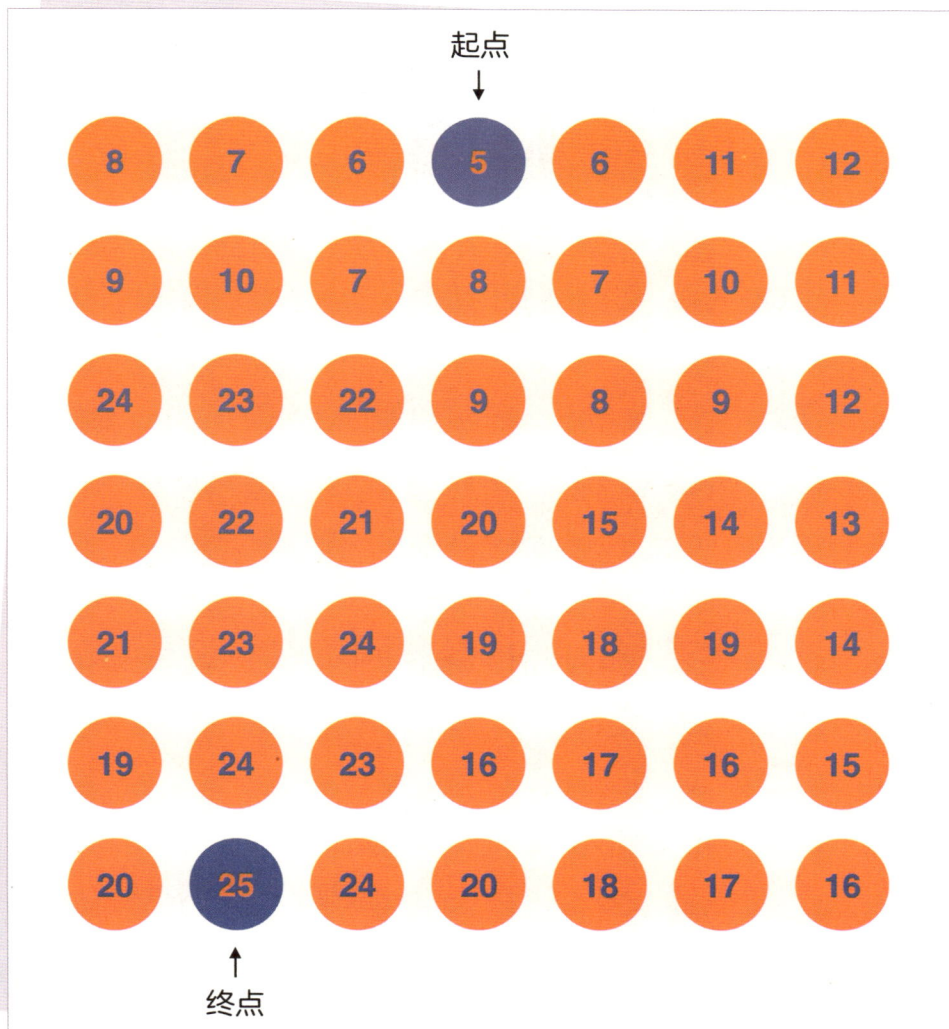

起点
↓

8	7	6	5	6	11	12
9	10	7	8	7	10	11
24	23	22	9	8	9	12
20	22	21	20	15	14	13
21	23	24	19	18	19	14
19	24	23	16	17	16	15
20	25	24	20	18	17	16

↑
终点

观察下图，从 5 出发，找出一条能顺利走到 25 的路线，记得每走一步，数都要比上一步的大 1。只能沿水平或竖直方向走。注意，路线可能不止一条哟。

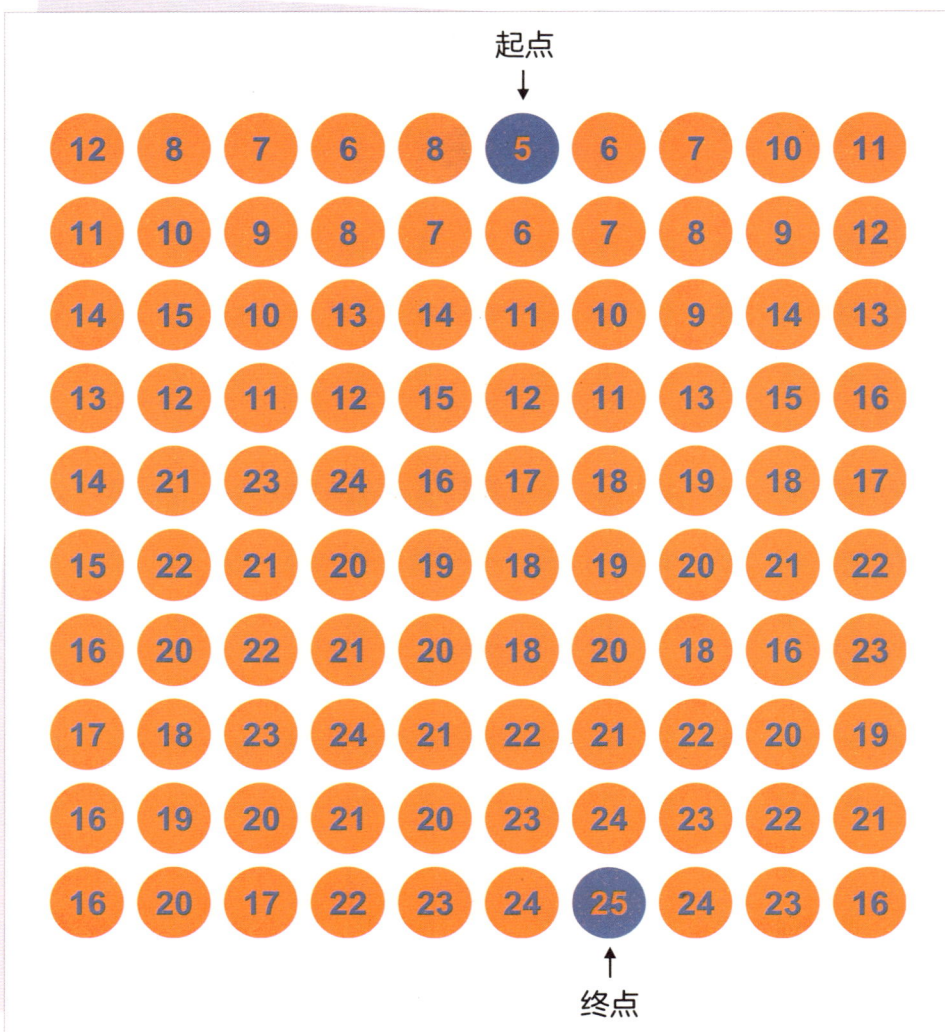

起点
↓

12	8	7	6	8	5	6	7	10	11
11	10	9	8	7	6	7	8	9	12
14	15	10	13	14	11	10	9	14	13
13	12	11	12	15	12	11	13	15	16
14	21	23	24	16	17	18	19	18	17
15	22	21	20	19	18	19	20	21	22
16	20	22	21	20	18	20	18	16	23
17	18	23	24	21	22	21	22	20	19
16	19	20	21	20	23	24	23	22	21
16	20	17	22	23	24	25	24	23	16

↑
终点

4

从字母 A 出发，找出一条能顺利走到字母 U 的路线，记得要按字母表中的顺序走，不能跳过其中一些字母，并且只能经过大写字母。只能沿水平或竖直方向走哟。

起点

H	d	c	d	b	A	b	c	f	g
G	F	E	D	C	B	C	d	e	h
J	K	F	I	J	G	F	E	j	i
i	H	G	H	K	h	g	I	k	L
J	q	S	T	L	M	n	o	p	m
K	r	Q	P	O	N	o	p	q	r
L	p	r	Q	P	n	p	n	L	s
m	n	s	t	Q	R	q	r	p	o
L	o	p	q	p	S	t	s	r	q
L	p	M	r	s	T	U	t	s	L

终点

从字母 A 出发，找出一条能顺利走到字母 t 的路线，记得要按字母表中的顺序走，不能跳过其中一些字母，并且要按照大写字母→小写字母→大写字母→小写字母的顺序走。只能沿水平或竖直方向走。注意，路线可能不止一条哟。

起点
↓

H	d	c	d	b	A	b	c	f	g
G	F	E	d	C	b	C	d	e	h
J	K	f	I	j	G	F	E	j	i
i	H	G	h	K	h	g	I	k	L
J	q	S	T	l	M	n	O	n	m
K	r	Q	P	O	n	o	p	q	r
L	p	r	Q	p	n	p	n	L	s
m	n	S	T	Q	r	q	r	p	o
L	o	p	q	p	S	t	s	r	q
L	p	M	r	s	t	S	t	s	L

↑
终点

请帮小虎鲸找到通往迷宫右侧的两个大脑示意图的路径。

注意，答案可能不止一种哟。

请你排除干扰，在红色底的格子中按顺序依次找到 26 个大写英文字母。

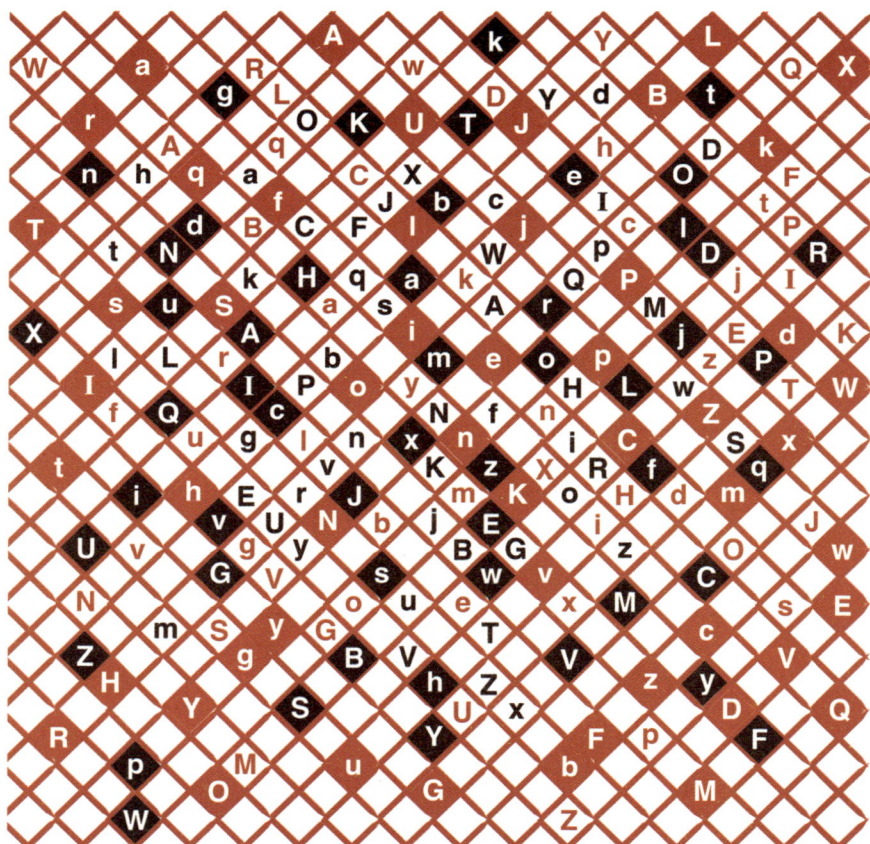

请你排除干扰，在黑色底的格子中按顺序依次找到 26 个白色的大写英文字母。

请你排除干扰，在白色底的格子中按顺序依次找到 26 个红色的大写英文字母。

观察下面的迷宫，你知道哪只小虎鲸能成功找到迷宫中央的虎鲸妈妈吗？它应该怎么走呢？

观察下面的迷宫，你知道哪一只小虎鲸能顺利走到迷宫中央，收获"最强大脑"吗？它应该怎么走呢？

请你帮小虎鲸找到通关的路径，走出下面的迷宫。注意，在这个迷宫中，碰到向下的岔路时，小虎鲸只能往下走。

入口

出口

观察下图，想一想，两只正在找寻彼此的小虎鲸有可能互相碰不到面，直接走出迷宫吗？它们应该怎么走呢？

请帮助三只小虎鲸穿过迷宫，找到通往三个"大脑"的卡通形象的正确路线吧！注意，路线可能不止一条哟。

主动投入

餐桌的桌布上印着数 1~25，不过其中一部分被透明餐垫遮挡了。你能按从小到大的顺序找到所有数吗？要尽可能快并且不受餐垫的影响哟。

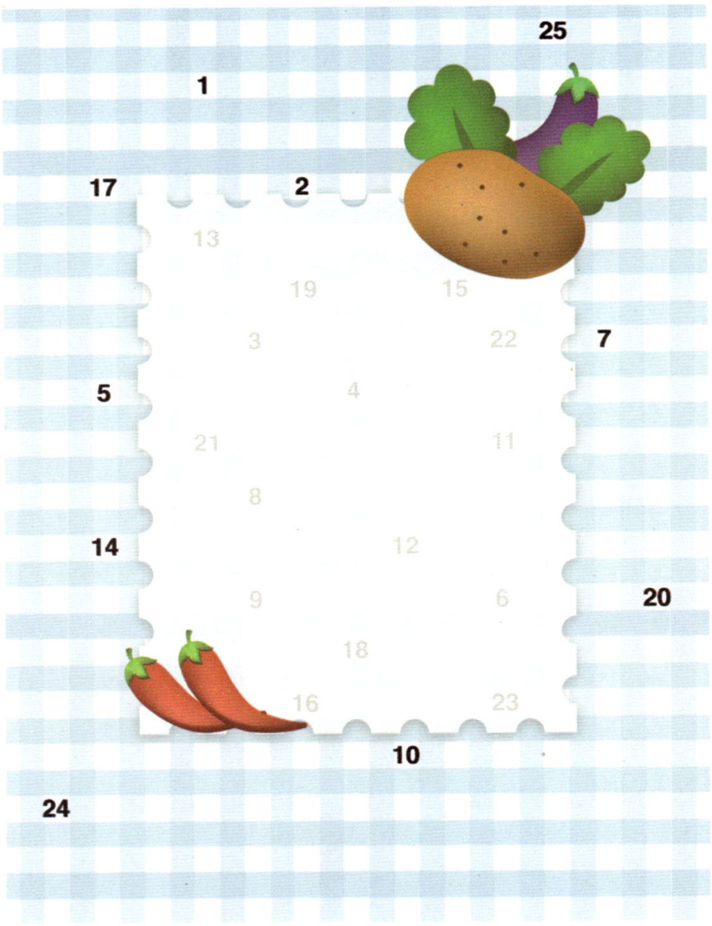

25
1
17
2
13
19
15
3
22
7
5
4
21
11
8
14
12
9
6
20
18
16
23
10
24

请在下面这个立体空间示意图中，按从小到大的顺序找到数 1~25。要尽可能快且准确哟。

请按从小到大的顺序，在浅黄色的方格中依次找到数 1~25。要尽可能快且准确哟。

5	21	24	9	11	6	17
19	16	1	21	13	4	15
10	4	19	23	2	18	8
16	1	7	6	10	15	14
22	12	13	2	20	24	25
20	9	3	12	17	3	5
14	8	7	22	18	11	23

请按从小到大的顺序，在橙色的方格中依次找到数 1~24，不用在意数本身的颜色。要尽可能快且准确哟。

19	21	5	6	21	9	4
4	16	1	11	13	17	15
10	19	24	22	2	18	25
12	6	7	12	10	3	14
23	16	9	2	15	24	8
8	13	3	18	23	20	5
14	20	7	17	1	11	22

　　下面有 25 个表示 0 点到 24 点中的整点的时钟，其中白色底的方格中的时钟表示的是 0 点到 12 点中的整点，黑色底的方格中的时钟表示的是 13 点到 24 点中的整点。请按照一天中的时间顺序，从 0 点开始，依次找到并圈出对应的时钟。

下面有 25 个表示 0 点到 24 点中的整点的时钟，其中白色底的方格中的时钟表示的是 6 点到 17 点中的整点，黑色底的方格中的时钟表示的是 18 点到 24 点、0 点到 5 点中的整点（24 点和 0 点用两个时钟表示）。请按照一天中的时间顺序，从 0 点开始，依次找到并圈出对应的时钟。

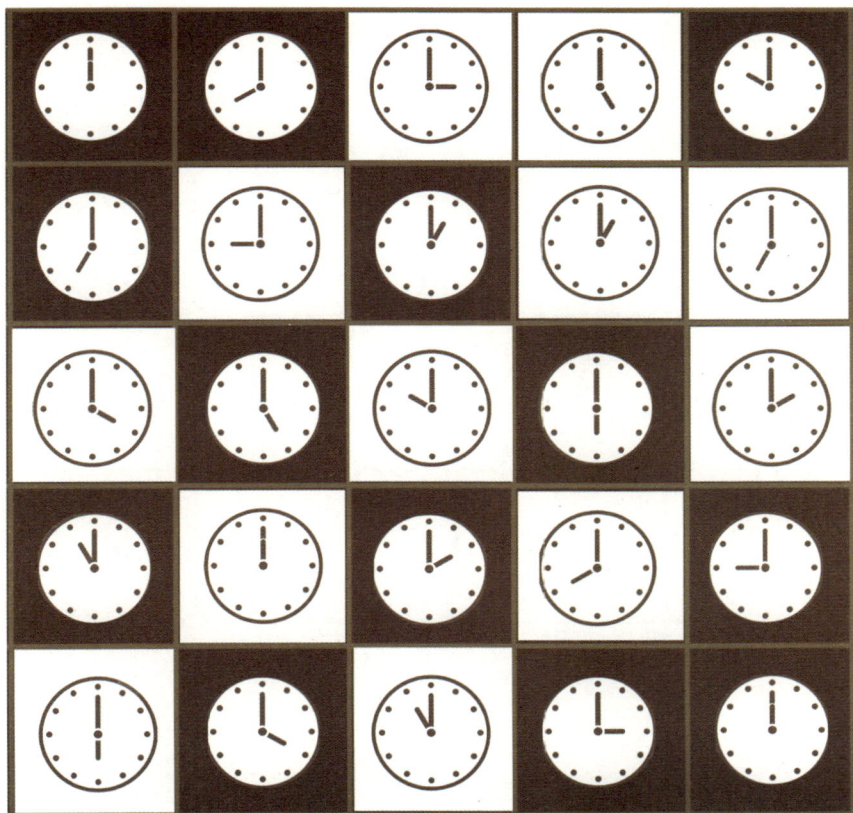

下面这 20 个拼音中，藏着唐代诗人王之涣的《登鹳雀楼》。请按照原诗，依次找到并圈出对应的拼音。

mù	huáng	lóu	yī	qióng
jìn	hǎi	shàng	hé	liú
gèng	rì	shān	rù	céng
lǐ	qiān	bái	yù	yì

下面这 20 个拼音中，藏着唐代诗人李白的《静夜思》。请按照原诗，依次找到并圈出对应的拼音。

shì	sī	yuè	yí	qián
wàng	jǔ	chuáng	míng	tóu
tóu	míng	dì	shuāng	gù
guāng	xiāng	shàng	yuè	dī

下面这 20 个拼音中，藏着唐代诗人白居易的《赋得古原草送别》的前四句。请按照原诗，依次找到并圈出对应的拼音。

lí	fēng	yě	yí	bú
róng	suì	lí	cǎo	yòu
shāo	yuán	yì	chūn	shēng
chuī	huǒ	shàng	kū	jìn

下面这20个拼音中，藏着唐代诗人李绅的《悯农》（其二）。请按照原诗，依次找到并圈出对应的拼音。

dāng	xià	jiē	lì	tǔ
lì	shuí	hàn	chú	cān
dī	rì	hé	pán	wǔ
zhī	xīn	zhōng	kǔ	hé

请在下面这个立体空间示意图中，按从小到大的顺序找到数1~25。你既可以从"地板"上找，也可以从"天花板"上找哟。

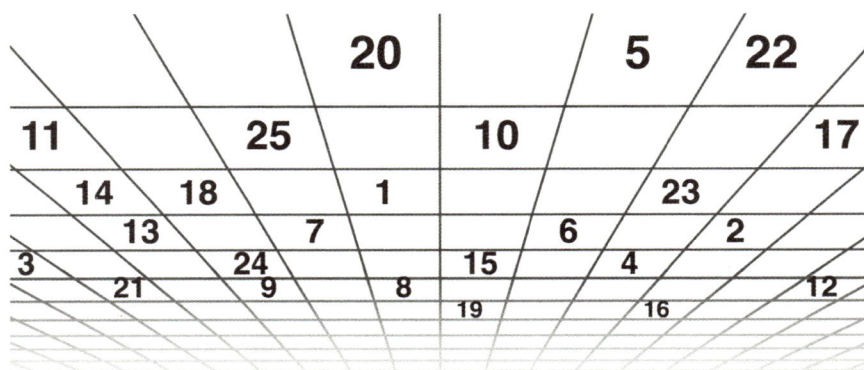

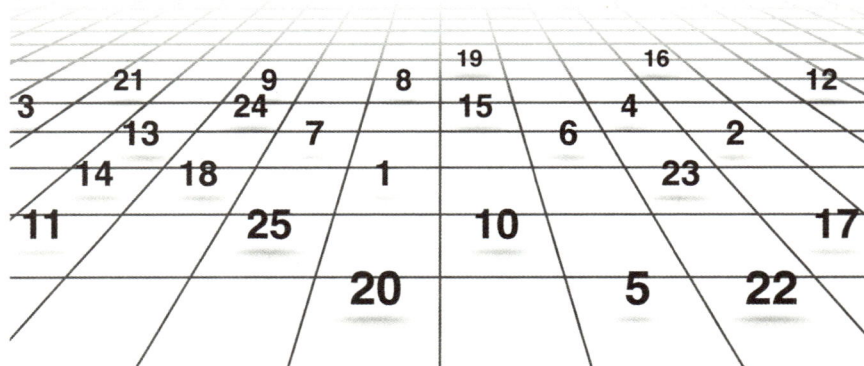

20　　5　22

11　　25　　10　　17

14　18　1　　23

13　7　　6　　2

3　　24　15　4

21　9　8　19　16　12

21　9　8　19　16　12

3　24　7　15　4　2

13　6　

14　18　1　23

11　25　10　17

20　5　22

请在下面这个立体空间示意图中，按字母表中的顺序找到字母A到Z。你既可以从"地板"上找，也可以从"天花板"上找哟。

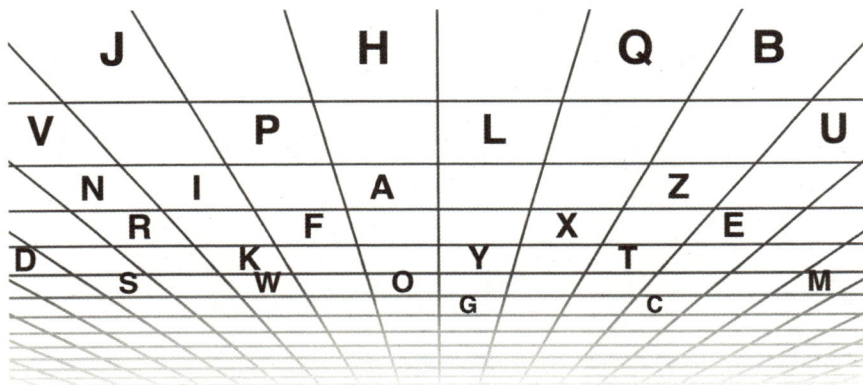

请在暗红色的方格中，按从小到大的顺序依次找到 1~49 中的奇数。要尽可能快且准确哟。

21		15		1		41		7
	8		18		12		30	
11		3		31		27		45
	14		26		2		20	
43		23		19		33		13
	22		10		32		6	
5		29		39		37		49
	28		4		16		24	
35		17		47		9		25

请在下面的方格中，按从小到大的顺序依次找到数 1~41。要尽可能快且准确哟。

22	15	1	10	7
33	18	29	30	
11	2	31	20	36
38	12	3	27	
14	23	19	8	13
21	41	25	6	
5	26	16	37	40
35	34	39	24	
28	17	4	9	32

请在斜纹格中，按从小到大的顺序依次找到数 1~25。要尽可能快且准确哟。

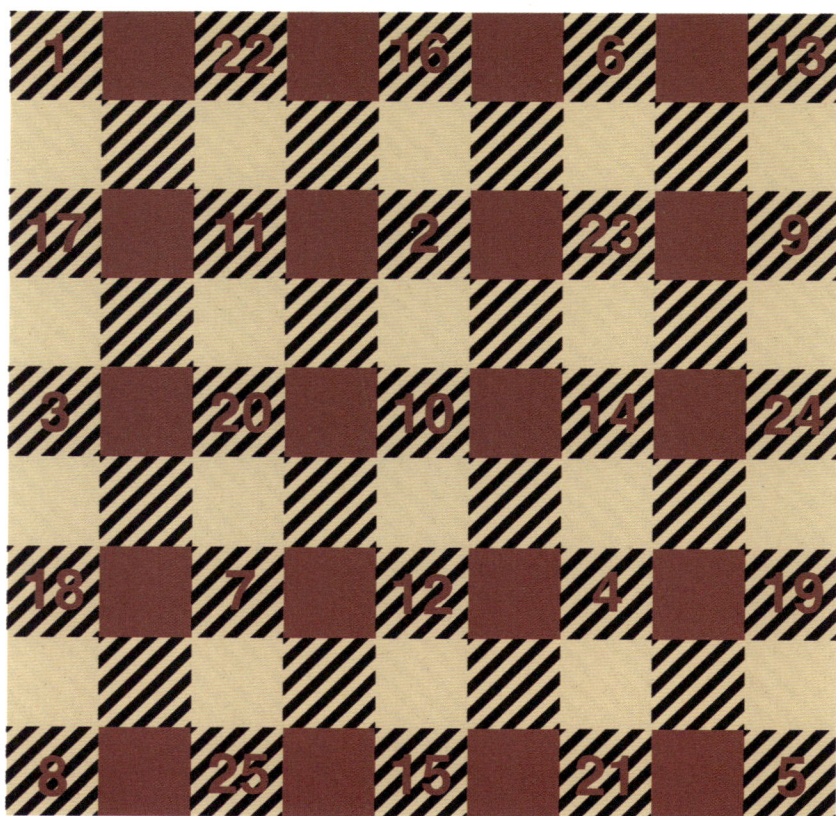

请在暗红色的方格中，按从小到大的顺序依次找到数 1~20。要尽可能快且准确哟。

10	17	4	2	16	20	14	15	18
19	6	5	19	2	10	13	4	20
3	1	9	12	1	18	14	7	6
23	9	7	16	12	3	25	13	17
8	14	22	5	15	11	21	8	11

请在淡黄色的方格中，按从小到大的顺序依次找到数 1~20。要尽可能快且准确哟。

10	17	4	2	16	20	14	15	18
16		1		11		9		5
19	6	5	19	2	10	13	4	20
6		14		2		20		10
3	1	9	12	1	18	14	7	6
12		8		19		4		15
23	9	7	16	12	3	25	13	17
3		18		13		17		7
8	14	22	5	15	11	21	8	11

请你仔细观察这张包含了各种各样的箭头的图片，然后在下面的 14 张局部图中，找到不属于上图的那一张局部图。

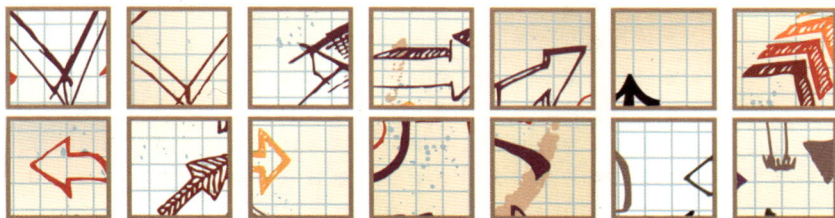

请扫描下方的二维码，按照音频的要求圈出相应的文字。

音频 34

请扫描下方的二维码，按照音频的要求圈出相应的数字。

```
1 5 3 6 9 2 8 1 7 4 5 0 1 3 9 3 2 7 6 5 1 0 4 8 9 2 6 3
9 2 8 1 0 1 3 9 3 2 4 8 9 2 6 3 1 5 3 6 9 2 8 1 7 4 0 6
8 1 7 4 5 0 1 3 9 3 8 1 0 1 3 9 3 2 4 8 3 6 9 2 8 1 7 4
1 0 1 3 9 3 2 4 8 9 2 6 3 9 3 8 1 0 1 3 9 3 2 4 8 2 7 0
3 2 4 8 3 6 8 1 7 4 5 0 1 3 9 3 2 7 6 5 1 0 4 8 9 2 6 3
5 0 1 3 9 3 2 4 8 2 7 6 5 1 0 3 6 9 2 8 1 7 4 0 6
1 0 1 3 9 3 2 4 8 9 2 6 3 9 3 8 1 0 1 3 9 3 2 4 8 2 7 0
3 2 4 8 3 6 8 1 7 4 5 0 1 3 9 3 2 7 6 5 1 0 4 8 9 2 6 3
9 2 8 1 0 1 3 9 3 2 4 8 9 2 6 3 1 5 3 6 9 2 8 1 7 4 0 6
8 1 7 4 5 0 1 3 9 3 8 1 0 1 3 9 3 2 4 8 3 6 9 2 8 1 7 4
1 0 1 3 9 3 2 4 8 9 2 6 3 9 3 8 1 0 1 3 9 3 2 4 8 2 7 0
3 2 4 8 3 6 8 1 7 4 5 0 1 3 9 3 2 7 6 5 1 0 4 8 9 2 6 3
9 2 8 1 0 1 3 9 3 2 4 8 2 7 6 5 1 0 3 6 9 2 8 1 7 4 0 6
1 0 1 3 9 3 2 4 8 9 2 6 3 9 3 8 1 0 1 3 9 3 2 4 8 2 7 0
0 1 3 9 3 2 3 9 3 2 4 8 9 2 6 3 1 5 3 6 9 2 8 1 7 4 0 6
2 4 8 3 6 8 1 7 4 5 0 1 3 9 3 2 2 8 1 0 1 3 9 3 2 4 8 9
3 9 3 2 4 8 9 2 6 3 9 3 8 1 0 1 3 9 3 2 4 8 0 1 3 9 3 8
3 2 4 8 9 2 6 3 1 1 3 9 3 2 3 9 3 2 4 8 9 2 6 3 1 7 4 6
0 1 3 9 3 2 4 8 2 7 6 5 2 6 3 9 3 8 1 0 1 3 9 3 2 4 8 9
4 8 3 6 8 1 7 4 5 0 1 2 4 8 9 2 6 3 1 6 3 9 3 8 1 0 3 2
6 8 1 7 4 5 0 1 3 9 3 9 3 2 4 8 2 7 6 5 8 3 6 9 2 8 1 7
9 3 2 4 8 2 7 6 5 1 0 3 2 4 8 0 1 3 8 3 6 8 1 7 4 5 0 1
3 9 3 2 2 6 1 0 1 3 9 3 7 4 1 7 4 5 0 1 3 9 3 2 7 6 5 0
5 0 1 3 9 3 8 1 0 1 3 9 3 1 3 9 3 2 7 6 5 1 0 4 8 1 9 7
3 2 4 8 9 2 6 3 1 1 3 9 3 2 3 9 3 2 4 8 9 2 6 3 1 0 5 7
4 8 3 6 8 1 7 4 5 0 1 2 4 8 9 2 6 3 1 6 3 9 3 8 1 0 3 2
1 0 1 3 9 3 2 4 8 9 2 6 3 9 3 8 1 0 1 3 9 3 2 4 8 2 7 0
3 2 4 8 3 6 8 1 7 4 5 0 1 3 9 3 2 7 6 5 1 0 4 8 9 2 6 3
9 2 8 1 0 1 3 9 3 2 4 8 2 7 6 5 1 0 3 6 9 2 8 1 7 4 0 6
8 1 7 4 5 0 1 3 9 3 8 1 0 1 3 9 3 2 4 8 3 6 9 2 8 1 7 4
1 0 1 3 9 3 2 4 8 9 2 6 3 9 3 8 1 0 1 3 9 3 2 4 8 2 7 0
```

音频 35

请在黑色的方格中，按从小到大的顺序依次找到 1~49 中的奇数。要尽可能快且准确哟。

9		37		27		49		15
	20		14		2		26	
23		1		11		41		35
	4		24		8		12	
17		31		43		5		21
	10		30		28		18	
3		25		39		13		45
	22		6		16		32	
33		47		19		29		7

请在黑色和白色的方格中，按从小到大的顺序依次找到数 1~41。要尽可能快且准确哟。

20	37	14	34	26
9	27	2	15	
23	1	11	8	35
4	24	41	12	
17	31	28	5	21
10	38	36	7	
6	25	16	13	40
22	3	39	32	
33	30	19	29	18

请按从小到大的顺序，先在黑色的方格中依次找到数 1~49，然后在白色的方格中依次找到数 1~36。要尽可能快且准确哟。

26	38	48	13	43	17	5
1	25	31	10	28	7	
14	20	1	40	36	27	45
13	2	19	23	33	15	
33	7	49	15	2	30	23
35	17	9	5	24	32	
10	46	16	28	9	35	31
20	6	30	14	27	12	
44	29	4	19	24	41	11
26	11	34	21	3	36	
22	37	8	42	25	32	21
4	18	22	8	16	29	
39	12	6	34	47	3	18

请在下面的黑白棋盘格中，按从小到大的顺序依次找到数1~25。

请在下面的黑白棋盘格中，按字母表中的顺序依次找到大写字母 A 到 Z。

请在下图中找到三种特殊的蜜蜂（蜜蜂的其中两条腿被翅膀遮住了）并圈出来：

一种是眼睛会发光的（尾部没有毒刺）；另一种是尾部有毒刺的（眼睛不会发光）；还有一种是眼睛会发光且有毒刺的。

　　观察下面的蜂巢示意图，蜂蜜位于蜂巢的底部。请设计一条从蜂巢顶部出发的能采到蜂蜜的路线，注意不要从头朝下的蜜蜂旁边走，以免被蜇到。

参考答案

扫一扫
看本书配套视频课

p.1

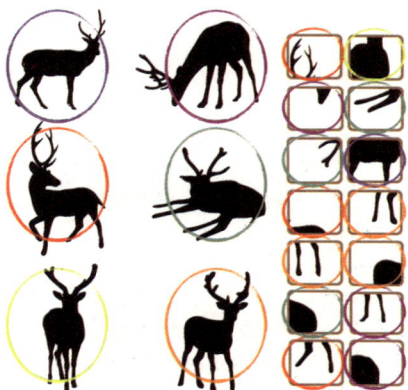

p.3

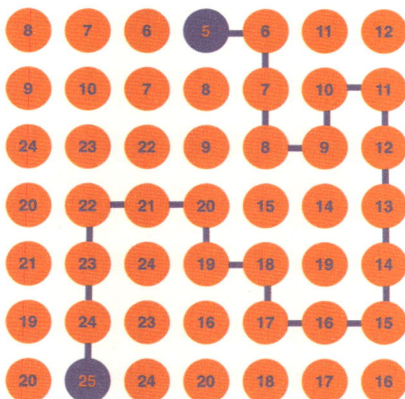

p.2

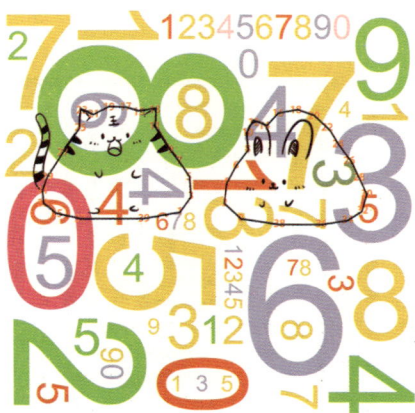

p.4

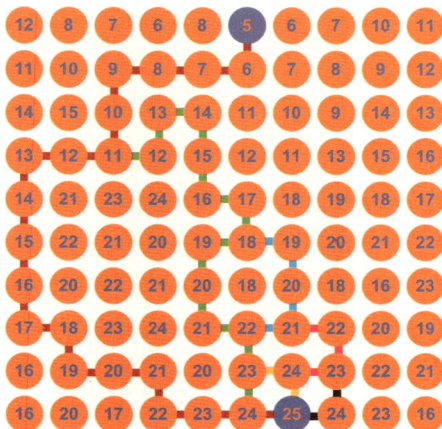

p.5

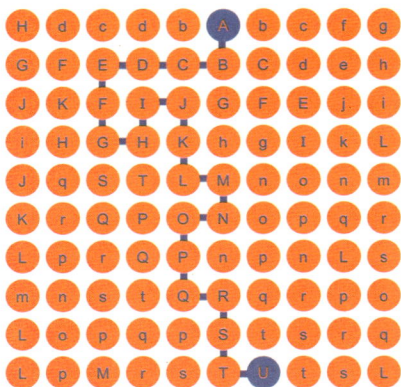

p.6

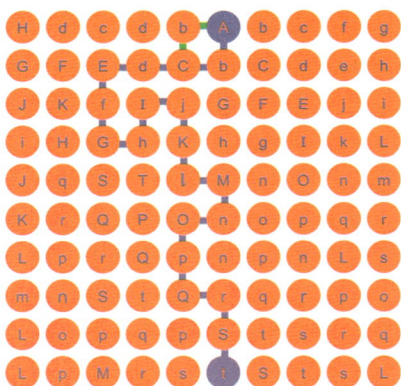

p.11

p.7

下面是其中两种走法。

p.12

p.13

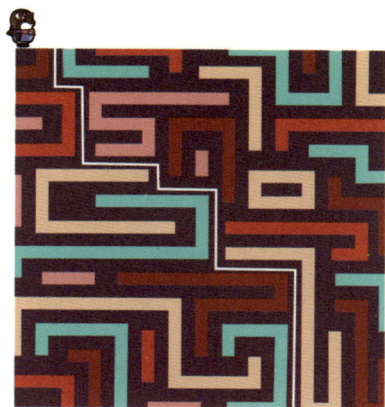

p.33

p.14

有可能，以下是其中一种走法。

p.34

p.15

p.35

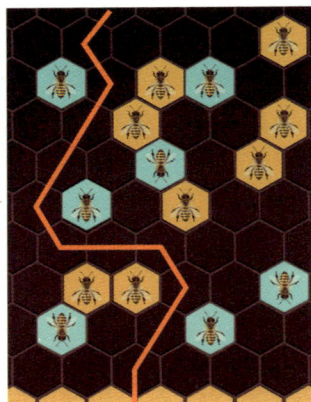

p.42

有多种走法，下面是其中一种走法。

p.41

49天培养专注力

家长指导手册

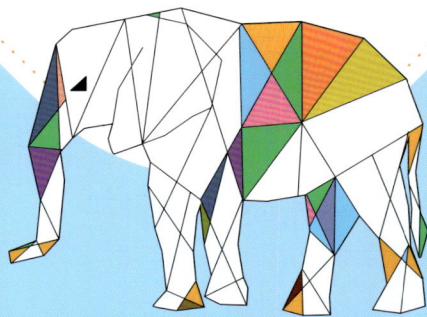

为孩子量身打造专属学习方案

·两大学习方法· ·数十种变化·

青岛出版集团 | 青岛出版社

林思恩

中科院心理研究所 & 香港中文大学
认知神经科学博士
探客柏瑞科技（北京）有限公司
联合创始人 & 首席执行官
探悉大脑成长学院创办人
TEDx 讲者
新智元人工智能智库专家

您好，欢迎来到"49 天专注力挑战营"！

在这里，我们将携手，借助这一套 7 册装的《49 天培养专注力》，用 49 天的时间，从专注力的 7 大重要维度出发，帮助孩子提升专注力。

本套书的 7 个分册分别是《抗干扰》《坐得住》《不拖拉》《视觉专注》《听觉专注》《视听整合》《主动投入》，与专注力的 7 大重要维度"专注强度""专注持久度""专注敏捷度""视觉专注""听觉专注""视听整合""内源性注意"一一对应。

其中，专注强度、专注持久度和专注敏捷度属于专注力的三大核心维度。我们为每个核心维度准备了 42 道题目，每天做 6 道题，用 21 天的时间，来训练这三大脑网络，使孩子能够认真、持续性地关注某一事物，而且能在不同的任务间快速切换。简单来说，就是帮助孩子在生活和学习中能够做到抗干扰、坐得住、不拖拉。

视觉专注、听觉专注、视听整合和内源性注意属于专注力的外周维度，我们同样为每个维度准备了 42 道题目，每天做 6 道题，用 28 天的时间，帮孩子强化对自身注意力资源的开采和调用能力，使孩子的观察力、倾听力及边听边看的信息整合能力得到提升。在能力提升的过程中，孩子的自信心也会得到提升。久而久之，在面对生活和学习中的挑战时，他们会更愿意直面挑战并充分地投入其中。

与此同时，在完成练习的过程中，与孩子专注力的发展息息相关的自控力、记忆力、自律与延迟满足、空间想象力、创造力等能力也会得到锻炼和提升。孩子能够在挑战中提升能力，并享受能力提升带来的乐趣和成就感，收获力量与信心，在成为自己人生的"学霸"的道路上迈出坚实的一步。

除了 7 个分册以及指导手册，本套书还附赠了 49 节配套指导视频课，1 天 1 课，让孩子在每天训练的时候都有指导视频课可以看，充分实现自主学习。不管是做题时遇到困难，还是不理解答案，孩子都可以点开视频，听老师对相关内容进行讲解。本书中的有些题目有不止一个答案，孩子在做完题后，还可以参照答案和视频课，进一步打开思路。孩子可以通过扫描指导手册封底的二维码或每个分册答案部分的二维码，来收看视频课。

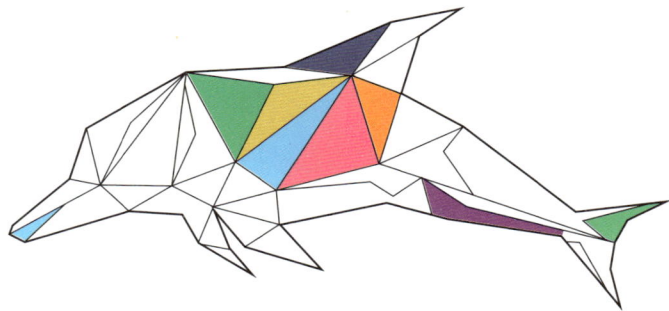

如何帮孩子安排每天的训练

如果您的孩子平时做事喜欢做完一件事再开始做下一件事，那么您可以引导他以每一个分册为单位，根据每一页右上角标的天数，一本一本地做，来完成为期49天的训练。具体来讲，就是每天按顺序做完一个分册中的6道练习题，连续7天，做完一个分册中的42道练习题，攻克一个专注力维度的训练后，再做下一本的练习题，开启下一个维度的训练。这种方式可以参考下表来实践：

第1册：抗干扰	第2册：坐得住	第3册：不拖拉	第4册：视觉专注	第5册：听觉专注	第6册：视听整合	第7册：主动投入
第1天：1~6题	第8天：1~6题	第15天：1~6题	第22天：1~6题	第29天：1~6题	第36天：1~6题	第43天：1~6题
第2天：7~12题	第9天：7~12题	第16天：7~12题	第23天：7~12题	第30天：7~12题	第37天：7~12题	第44天：7~12题
第3天：13~18题	第10天：13~18题	第17天：13~18题	第24天：13~18题	第31天：13~18题	第38天：13~18题	第45天：13~18题
第4天：19~24题	第11天：19~24题	第18天：19~24题	第25天：19~24题	第32天：19~24题	第39天：19~24题	第46天：19~24题
第5天：25~30题	第12天：25~30题	第19天：25~30题	第26天：25~30题	第33天：25~30题	第40天：25~30题	第47天：25~30题
第6天：31~36题	第13天：31~36题	第20天：31~36题	第27天：31~36题	第34天：31~36题	第41天：31~36题	第48天：31~36题
第7天：37~42题	第14天：37~42题	第21天：37~42题	第28天：37~42题	第35天：37~42题	第42天：37~42题	第49天：37~42题

那么，具体先从哪一个分册开始呢？之前已经提到过，本套书的7个分册对应的是专注力的7大重要维度，目前的顺序安排的思路是先训练核心维度，后训练外周维度。您既可以让孩子根据目前7个分册的顺序来完成练习，也可以让孩

子从最擅长的维度来开启练习，完成后再选择次擅长的维度继续练习，以此类推，按照从易到难的顺序一本本推进。维果茨基的"最近发展区"理论认为，儿童有两种发展水平，一是现实水平，二是作为发展基础的潜在的发展水平。这两种水平之间的差异就是"最近发展区"。教学应着眼于孩子的"最近发展区"，使孩子能把潜在的发展水平变为现实的发展水平。选择从易到难的顺序层层推进，既能达到这一目的，又能在训练中提高孩子的自信心，帮助他们积累成就感。

打开方式2

如果您的孩子平时做事不喜欢按部就班，或是做事时需要利用不同类型的任务来调剂，以保持新鲜感，那么您可以引导他打破分册的限制，比如第一天做一个分册的前 6 道练习题，第二天做另一个分册的前 6 道练习题，以此类推，每天做不同分册的题目，每天训练不同的维度。这种方式可以参考下表来实践：

第 1 册：抗干扰	第 2 册：坐得住	第 3 册：不拖拉	第 4 册：视觉专注	第 5 册：听觉专注	第 6 册：视听整合	第 7 册：主动投入
第 1 天：1~6题	第 2 天：1~6题	第 3 天：1~6题	第 4 天：1~6题	第 5 天：1~6题	第 6 天：1~6题	第 7 天：1~6题
第 8 天：7~12题	第 9 天：7~12题	第 10 天：7~12题	第 11 天：7~12题	第 12 天：7~12题	第 13 天：7~12题	第 14 天：7~12题
第 15 天：13~18题	第 16 天：13~18题	第 17 天：13~18题	第 18 天：13~18题	第 19 天：13~18题	第 20 天：13~18题	第 21 天：13~18题
第 22 天：19~24题	第 23 天：19~24题	第 24 天：19~24题	第 25 天：19~24题	第 26 天：19~24题	第 27 天：19~24题	第 28 天：19~24题
第 29 天：25~30题	第 30 天：25~30题	第 31 天：25~30题	第 32 天：25~30题	第 33 天：25~30题	第 34 天：25~30题	第 35 天：25~30题
第 36 天：31~36题	第 37 天：31~36题	第 38 天：31~36题	第 39 天：31~36题	第 40 天：31~36题	第 41 天：31~36题	第 42 天：31~36题
第 43 天：37~42题	第 44 天：37~42题	第 45 天：37~42题	第 46 天：37~42题	第 47 天：37~42题	第 48 天：37~42题	第 49 天：37~42题

这种打开方式应该先从哪一个分册开始呢？选择这种打开方式时，从孩子最擅长的维度开始练习依旧很重要。先选择最擅长的，再选择次擅长的，以此类推，按照从易到难的顺序逐渐推进，这样既能遵循"最近发展区"的训练规律，又能在连续 7 天的训练中通过观察孩子的表现，更客观地了解孩子在专注力不同维度的发展的真实情况，以便在下一个 7 天中及时做出调整。

比如，如果您发现孩子在做练习题时有完成得很困难、不愿意做、回避的部分，就要及时有针对性地调整训练计划，因为这往往反映出孩子在对应的专注力维度上存在薄弱环节。在接下来的训练中，您可以改变练习的顺序，把孩子存在薄弱环节的分册的顺序往后调一调，在孩子进行这部分训练的过程中给予他更多关注或指导。对于那些孩子因为觉得太简单而不想做的部分，家长可以将其作为调节，穿插在孩子不擅长的维度之间，让孩子难易交叉着做，这有助于调动孩子的积极性，让孩子保持做题的兴趣。

孩子专注力发展过程中值得关注的现象

▼现象一：家长认为孩子的专注力差，教给孩子的办法不起作用。

在我的"跟脑科学家提升专注力"的在线视频课程中，我设计了"家庭亲子专注力桌游"这一训练环节。在这个环节中，爸爸妈妈会和孩子一起参与活动，完成专注力各个不同维度的训练。令人惊讶的是，很多爸爸妈妈在留言表示"孩子特别喜欢参与、完成得很棒"的同时，还表示"没想到自己的专注力还不如孩子"。还有家长留言道："之前以为孩子专注力差，还总是拿自己的方法指导孩子，没想到自己对专注力的理解有这么大的偏差。"

其实，专注力正是一种看似容易，实则没那么简单，又事关孩子各方面发展的核心能力。只有科学地理解专注力，客观地评判孩子专注力的好坏，抓住科学训练专注力的核心，不陷入经验主义的误区，才能帮孩子提升专注力。

▼现象二：为了培养孩子的专注力，从小就注重让孩子玩魔方、做数独题。

对于数独和魔方（也包括拼图和七巧板等有助于提升孩子观察力、记忆力、想象力的智力玩具），我是很支持并且推荐家长将其作为宝宝的专注力启蒙工具的。不过，我在工作中也发现了一个不容忽视的现象，就是爸爸妈妈会因为过于重视这些工具，而忽视了更为重要的感知运动阶段，从而使孩子错失了在运动中理解自控力、专注力和形成自我效能感的大好时机。而且，由于这些智力玩具的玩法明确、答案唯一，因此它们可能会导致孩子对标准答案太过专注，从而影响孩子的好奇心及内源性注意的发展。孩子也可能会因为担心做不出题目、做错题目而产生畏难情绪，从而削弱自我效能感。

▼现象三：家长觉得自己只是希望孩子做事能专心点，为什么就这么难。

家长的这种观点反映出他们对专注力培养目标的理解存在偏差。家长认为，"做事能专心点"是一个很单一而且明确的目标，自己的要求也一直没变，孩子应该很容易理解和做到。但事实究竟是怎样的呢？我们可以先一起思考下面这个问题：您对孩子在专注力方面的期待是什么，是"心无旁骛地做感兴趣的事"，还是"持之以恒地做应该做的事"，又或者是"收放自如地做能够让自己保持专注的事"？

家长可能会觉得，这三点都是专注力好的表现，看起来都很重要，希望孩子都能做到。但仔细想想，其实三者之间是有明显差别的，孩子其实很难同时做到，而且它们实际上代表了家长在不同时期对孩子专注力发展的不同要求。您可以回想一下，在孩子上学前，您是不是希望他能收放自如地做能够让他保持专注的事，这样给他报的兴趣班就不会白报；到了学龄段，您是不是希望他能持之以恒地做他应该做的事，这样他就可以把精力都花在学业上，就会更高效；等到工作了，您又希望他能心无旁骛地做他感兴趣的事，不要总是心思不定，频繁换工作。所以，这样看来，家长对孩子专注力的要求既不简单，也不是一成不变的。因此，孩子一时理解不了家长的要求，达不到家长的期望，也是可以理解的。

怎样才能真正帮孩子提升专注力

▼首先，保护孩子与生俱来的好奇心和探索欲。

比如，孩子专注观察、专心游戏、聚精会神地做某事的时候，家长一定要克制住自己想要上手指导、上前关心和提醒他们的冲动，要让孩子有独立探索、专心致志地做事的机会，并且能有相对长的全身心投入的时间，这样才能保护孩子的专注强度、专注持久度、好奇心和创造力。

再举一个例子。孩子出门前动作慢、坚持要自己收拾好东西的时候，家长一定要多给孩子一点时间，不要对孩子说"我们3分钟内必须出门"这样的话。家长可以和孩子一起计时，帮孩子了解自己平常做某件事需要的时间，鼓励并引导孩子建立时间观念，对时间的长短和动作的快慢有一个更清晰的概念。

▼其次，锻炼孩子的观察力和注意力调控能力。

观察力是视觉专注的基础，也是专注力的外在表现之一。在孩子获取的信息中，有90%以上的信息是通过视觉通道获取的，所以在孩子0~6岁时，对其进行观察力的启蒙是非常有必要的。除了那些训练观察力的绘本和练习册，大自然也是培养观察力的非常好的教具。俗话说："世上没有两片完全相同的叶子。"观察树叶、小鸟、小鱼等都可以训练孩子的视觉专注。同时，自然界中的声音，像鸟鸣、虫鸣等也是特别好的训练听觉专注的素材。本套书的《视听整合》分册的练习题中有很多来自生活场景和自然界的声音，通过做这个分册中的练习题，孩子不仅能够提升专注力，还能在潜移默化中开启感知世界的大门，这也将成为孩子观察周边世界的一个入口。当孩子在训练中对某一领域流露出浓厚的兴趣时，家长可以引导孩子继续探索相关领域，让专注力训练延伸到生活中。

如果家长能够结合孩子的兴趣来培养他们，比如和他们一起垂钓或者摄影，那么孩子就可以在玩耍的过程中锻炼专注力，在潜移默化中提升心无旁骛、持久投入、快速调用注意力的能力。

0~6岁是孩子大脑发育的黄金期。在这一阶段，家长也要关注孩子运用注意力资源去做事的能力，有意识地培养他们的规则意识、自控力以及行为抑制能力，通过奖励等方式帮孩子养成良好的作息习惯，提升孩子的自律性，让他们学会延迟满足，为主动专注也就是内源性注意的发展打好基础。

▼最后，注重家庭的个性化培养。

每个孩子都是独特的，这句话也体现在专注力上。每个孩子专注力各个维度的发展情况和长板、短板的分布情况是不一样的。为孩子提供个性化的、有针对性的且适合他们能力现状的培养方式，既是家庭养育的重要职责，也是家庭在专注力培养方面的优势。家长理应更了解孩子的兴趣爱好。而且，正如我一直以来所主张的那样，不是一定要通过上课或者进行专项训练才能培养孩子的专注力，任何一项活动，只要孩子喜欢，能在其中找到探索和前进的动力和乐趣，它就可以成为专注力个性化培养的独一无二的桥梁。孩子在做他们感兴趣的活动时，其收获是最大的，从提升专注力的角度来说，做这样的活动是事半功倍的。

1 抗干扰
·KANG GANRAO·

2 坐得住
·ZUO DE ZHU·

3 不拖拉
·BU TUOLA·

4 视觉专注
·SHIJUE ZHUANZHU·

5 听觉专注
·TINGJUE ZHUANZHU·

6 视听整合
·SHITING ZHENGHE·

7 主动投入
·ZHUDONG TOURU·

扫一扫，看本书配套视频课